高等教育应用型人才电子信息类专业系列教材

数字电子技术实验指导书

周红军　任国燕　主编

电子工业出版社

Publishing House of Electronics Industry

北京·BEIJING

内 容 简 介

本书根据高等院校电类专业数字电子技术课程教学大纲，结合编者的教学实践与应用编写而成。

本书中所列出的实验，包括从集成门电路的逻辑功能验证到 A/D 转换器、D/A 转换器及其应用的基础实验，以及综合设计性实验，编排顺序由简到繁，按教学进度循序渐进，既有实用性和通用性，又有趣味性和先进性。同时本书引入了 Multisim、Max+plus II 和 Quartus II 计算机虚拟仿真技术，将计算机虚拟仿真实验与传统的实际工程实验有机地结合起来，全面培养学生的创新意识、自主学习能力、分析问题和解决问题的能力。

本书可作为高等院校电气工程及其自动化、计算机等专业的实验教材，也可作为电子工程设计人员的参考书。

图书在版编目（CIP）数据

数字电子技术实验指导书 / 周红军，任国燕主编. —北京：电子工业出版社，2021.12

ISBN 978-7-121-42375-8

Ⅰ. ①数… Ⅱ. ①周… ②任… Ⅲ. ①数字电路－电子技术－高等学校－教材 Ⅳ. ①TN79-33

中国版本图书馆 CIP 数据核字（2021）第 235949 号

责任编辑：李　静　　　特约编辑：田学清
印　　刷：三河市兴达印务有限公司
装　　订：三河市兴达印务有限公司
出版发行：电子工业出版社
　　　　　北京市海淀区万寿路 173 信箱　　　　邮编：100036
开　　本：787×1092　　1/16　　印张：8.75　　字数：196 千字
版　　次：2021 年 12 月第 1 版
印　　次：2021 年 12 月第 1 次印刷
定　　价：26.80 元

凡所购买电子工业出版社图书有缺损问题，请向购买书店调换。若书店售缺，请与本社发行部联系，联系及邮购电话：（010）88254888，88258888。

质量投诉请发邮件至 zlts@phei.com.cn，盗版侵权举报请发邮件至 dbqq@phei.com.cn。

本书咨询联系方式：（010）88254604，lijing@phei.com.cn。

前言

数字电子技术实验是配合相关理论课程教学的一个非常重要的环节，实验能够巩固学生所学的数字电子技术基础理论知识，培养学生的实践技能、动手能力和分析问题及解决问题的能力，培养学生的创新意识并促使其发挥创新思维潜力。

本书可作为高等院校电气工程及其自动化、计算机等专业的实验教材，也可作为电子工程设计人员的参考书，具有如下特点。

（1）引进新技术，教学方式灵活多样。本书紧密配合课程体系改革和实验教学改革的需要，引入了 Multisim、Max+plus II 和 Quartus II 计算机虚拟仿真技术，将计算机虚拟仿真实验与传统的实际工程实验有机地结合起来，为学生提供先进的实验技术和发挥想象力、创造力的空间。本书的编写体现以下几点：将过去单纯的验证性实验转变为提高性实验；将过去的小规模综合性实验转变为中规模应用性实验；将过去在实验室进行的单一化实验转变为不受时间、地点、内容限制的多元化实验。

（2）内容充实，实验项目层次化。本书针对课程特点，根据教学大纲要求，对各个实验的实验目的、实验原理、实验仪器与元器件、实验内容、预习要求、注意事项等部分进行了详细阐述，有些实验单元安排了必做、选做和提高等不同层次的实验项目，以适应不同专业学生的实验要求。

（3）通用性强。本书能与学校的电工电子实验中心的实验设备配套使用，满足教学大纲要求，通应性强。

本书由重庆科技学院电气工程学院的周红军和任国燕担任主编。第 1 章中 1.1、1.2 节由任国燕编写，1.3 节由周红军编写；第 2 章由周红军编写；第 3 章中 3.1、3.5、3.10 节由任国燕编写，3.2、3.3 节由杨君玲编写，3.8、3.9 节由吴明芳编写，3.4、3.6、3.7 节由周红军编写；第 4 章中 4.1 节由周红军编写，4.2、4.3 节由任国燕编写。全书由周红军负责统稿。在此，向参与本书编写的同事们表示感谢，并感谢重庆科技学院电子技术课程组的老师们对本书的编写提出了许多宝贵的意见和建议。同时本书的编写还得到了电气工程实验教学中心其他实验老师的大力支持和帮助，在此一并表示感谢。另外，本书在编写过程中参考了有关文献，在此向文献作者表示感谢。

由于编者水平有限，书中难免存在不足之处，敬请读者批评指正。

编　者

2021 年 10 月

目录

第 1 章

绪 论

1.1 实验目的及意义

随着社会的发展及高等教育需求的提升，数字电子技术已成为高等院校电气工程及其自动化、自动化和计算机等专业必修的一门专业基础课程。然而，要学习好数字电子技术这门课程，只掌握书本上的理论知识是不够的，还必须通过大量的实验将理论与实践结合起来。

数字电子技术实验的任务是使学生掌握高级技术人员必须掌握的数字电路实验的基础知识和基本实践技能，通过实验课的训练进一步培养学生的数字电路实践能力，以及理论联系实际的能力，使学生能利用所学理论对实验结果进行分析，从而对电路参数进行调整，使之符合电路性能要求。在实验中培养学生独立、认真思考的思维习惯，正确的工程观点，实事求是、严谨的工作作风。

熟练地掌握数字电子技术，无论是对从事数字电子技术领域工作的工程技术人员来说，还是对正在进行本课程学习的学生来说，都是极其重要的。通过实验手段，学生可获得数字电子技术方面的基础知识和基本实践技能，并能运用所学理论来分析和解决实际问题，提高实际工作能力。

数字电子技术实验可以分为三个层次：第一个层次是验证性实验，主要是指以元器件认识和功能验证为主的局部电路基本实验，根据实验目的、实验电路、实验仪器和较详细的实验步骤来验证数字电子技术的有关理论，从而进一步巩固所学基础知识和基本理论，最终培养学生从大量的实验数据中总结规律、发现问题的能力。第二个层次是提高性实验，主要是指根据给定的电路，由学生自行选择实验仪器，拟定实验步骤，完成规定的电路性能指标测试任务。第三个层次是综合设计性实验，主要是指学生根据给定的实验题目、内容和要求自行设计实验电路，选择合适的元器件并组装实验电路，拟定调整、测试方案，最后使电路达到设计要求。这个层次的实验可以培养学生综合运用所学知识独立解决问题的能力和进行科学研究的基本素质，提高学生的自学能力及创新能力。

1.2　实验须知

数字电子技术实验的内容广泛，每个实验的目的、步骤也有所不同，但基本过程却是类似的。为了使每个实验达到预期的效果，要求参加实验者了解并做到以下几点。

1．实验前的预习

为了避免盲目性，使实验有条不紊地进行，在实验前要做好以下几个方面的准备。

（1）阅读实验教材，列出实验目的、任务，了解实验内容及测试方法。

（2）根据实验要求选择元器件及其参数，确定电路结构，画出电路原理图，给出设计过程。

（3）根据实验内容拟好实验步骤，选择测试方案。

（4）复习有关理论知识并掌握所用实验仪器的使用方法，认真完成所要求的电路设计、实验底板安装等任务。对实验中应记录的原始数据和待观察的波形，应先列表待用。

2．实验前的仿真

电子设计自动化（EDA）技术是以计算机为工作平台的智能化现代电子设计技术，是当今社会电子设计工程师必须掌握的现代电子设计技术。一般来说，学生在做数字电子技术实验之前用美国国家仪器（National Instruments，NI）公司的 Multisim 软件对电路进行仿真，可以预先熟悉实验内容和实验过程，提高实验成功率，还可以将仿真结果与实际测得的真实数据进行比较，有助于分析实验中遇到的问题。此外，还可以用 Altera 公司的 MAX+plus II 或 Quartus II 软件对电路进行仿真。

3．实验中的要求

（1）参加实验者要自觉遵守实验室规则。

（2）实验仪器不准随意搬动、调换。非本次实验所用的实验仪器，未经老师允许不得动用。若损坏实验仪器，则必须立即报告老师，作书面检查，针对责任事故要酌情赔偿。每次实验所需仪器和元器件，在实验前要进行检查，如果经检查发现有损坏的，则应立即报告老师并做好登记，然后申请新的实验仪器或元器件。

（3）在搭接电路时，要遵循正确的布线原则，先接电源线，后接信号线，严禁带电接线、拆线或改接线路。带电拔插元器件或接线可能会损坏元器件。

（4）根据实验内容，准备好实验所需的仪器和元器件并安放妥当。按实验方案，选择合适的集成电路，连接实验电路和测试电路。

（5）在测量时，手不要接触测试笔或探头金属部位，以免造成干扰。

（6）在调试过程中，采用分单元电路调试方法，各单元电路调试正常后，再把各单元电路连接起来，进行电路的总体测试，这样可有效地分析并排除故障。

（7）要认真记录实验条件和所得各项数据、波形。当发生小故障时，应独立思考，耐心排除故障，并记下排除故障的过程和方法。实验过程中常见的故障检查方法有查线法、观察法、信号注入法、信号寻迹法、替换法、动态逐线跟踪检查法和断开反馈线检查法等。在实验过程中遇到故障并不是坏事，学生可以在排除故障的过程中提高独立思考和实践能力。

（8）若发生冒烟、有焦糊味、有异响等异常现象，则应立即切断电源，保护现场，并报告指导老师，只有在查明原因、排除故障后，方可继续做实验。

（9）实验完成或实验课结束后（未能完成的也必须切断电源，做好整理工作），要求整理好所有的实验仪器、元器件与导线并放置妥当，保持实验台和实验室的整洁、干净。

（10）做实验要严肃、认真，要保持安静，并且要保持整洁的实验环境。

4．实验报告要求

实验报告需要包含以下内容。

（1）实验需求分析。

（2）实验方案论证。

（3）设计推导过程。

（4）电路设计与元器件及其参数选择。

（5）电路测试方法。

（6）实验数据记录。

（7）数据处理分析。

（8）电路成本估算。

（9）电路设计优化展望。

（10）实验结果总结。

（11）参考文献。

5．考核要求与方法

（1）预习阶段：电路原理图及仿真文件检查。

（2）实物验收：电路功能是否正确，电路测试结果是否符合设计要求。

（3）故障排除能力考核：实际故障排除情况检查与提问方式相结合。

（4）自主创新：功能构思、电路设计的创新性，独立思考与实践能力。

（5）实验成本：是否充分利用了实验室已有条件，实验仪器与元器件选择合理性，成本核算与损耗。

（6）实验数据：记录的实验波形正确与否。

（7）实验报告：实验报告的规范性与完整性。

6．实验成绩及相关因素

实验成绩占总成绩的比例为 30%，它由两部分组成：一是平时的实验完成情况；二是期末的实验考试成绩。

综合设计性实验要有完整的电路原理图、实验步骤，提交实验申请表进行预约后方可进行，对表现突出的同学可适当予以奖励。

实验考核分为基础实验部分和综合设计性实验部分，学生可以根据自身情况选择相应的实验进行考试，其中基础实验满分为 100 分，综合设计性实验满分为 110 分。

评分标准：

（1）电路设计正确。　　　　　　　　　（20 分）

（2）电路搭接正确。　　　　　　　　　（30 分）

（3）实验结果正确。　　　　　　　　　（30 分）

（4）正确使用实验仪器。　　　　　　　（20 分）

其中，"电路设计正确"要求根据实验题目和要求自行设计实验电路和实验方案，制定合理的实验步骤。"电路搭接正确"包括电源、地线接入正确，信号输入、输出线搭接正确，元器件极性搭接正确，测试点位选择正确，无原理性错误。"正确使用实验仪器"包括函数信号发生器使用正确，示波器使用正确，挡位选择正确等。

考核中操作不规范要适当扣分，电源接反、烧坏电路按不通过处理。

1.3　常用实验仪器的使用

1．实验目的

（1）学习数字电子技术实验中常用仪器，如示波器、函数信号发生器、直流稳压电源、交流毫伏表和频率计等的主要技术指标、性能及正确使用方法。

（2）掌握用双踪示波器观察正弦信号波形和读取波形参数的方法。

2．实验原理

在数字电子技术实验中，经常使用的仪器有示波器、函数信号发生器、直流稳压电源、交流毫伏表和频率计等。通过这些实验仪器和万用表，可以对数字电路的静态和动态工作状况进行测试。

实验中要对各种仪器进行综合使用，可按照信号流向，遵循连线简捷、调节顺手、观察与读数方便等原则进行合理布局。常用实验仪器与被测电路之间的布局与连线如图 1-1 所示。在接线时应注意，为防止外界干扰，各仪器的公共接地端应连接在一起，称为共地。函数信号发生器和交流毫伏表的引线通常使用屏蔽线或专用电缆线，示波器接线使用屏蔽线，直流稳压电源接线使用普通导线。

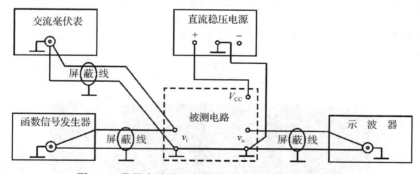

图 1-1　常用实验仪器与被测电路之间的布局与连线

1）示波器

示波器是一种用途很广的电子测量仪器，既能直接显示电信号的波形，又能对电信号进行各种参数的测量。下面着重介绍几点。

DS-5000 数字存储示波器向用户提供简单且功能明晰的前面板，供用户进行基本的操作。前面板上包括旋钮和按键。旋钮的功能与其他示波器类似。显示屏右侧的一列 5 个灰色按键为菜单操作键（自上而下定义为 1 号至 5 号菜单操作键），通过它们可以设置当前菜单的不同选项。其他按键（包括彩色按键）为功能键，通过它们可以进入不同的功能菜单或直接获得特定的功能应用。

DS-5000 数字存储示波器前面板操作说明图如图 1-2 所示。

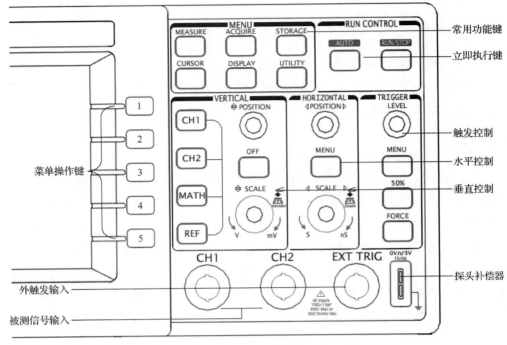

图 1-2　DS-5000 数字存储示波器前面板操作说明图

DS-5000 数字存储示波器显示界面如图 1-3 所示。

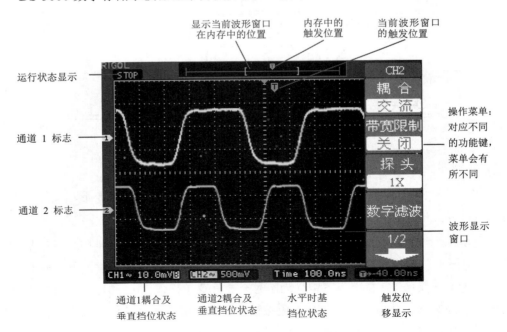

图 1-3　DS-5000 数字存储示波器显示界面

功能键用加方框的形式表示，如 $\boxed{\text{MEASURE}}$ 表示前面板上上方标注着 MEASURE 的灰色功能键。菜单操作选项用带阴影的文字表示，如 交流 表示 MEASURE（自动测量）菜单中的耦合方式选项。

2）函数信号发生器

TFG1905B 函数信号发生器前面板示意图如图 1-4 所示。

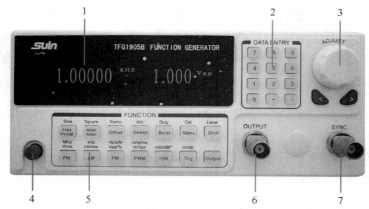

1—显示屏；2—输入键；3—调节旋钮；4—电源开关；5—功能键；6—波形输出端；7—同步输出端。

图 1-4 TFG1905B 函数信号发生器前面板示意图

（1）各个按键的功能如下。

【0】【1】【2】【3】【4】【5】【6】【7】【8】【9】键：输入数字。

【.】键：输入小数点。

【−】键：在偏移功能下用于输入负号，在其他时候用于循环开启和关闭按键声响。

【<】键：光标闪烁位左移，在数字输入模式下用于退格/删除。

【>】键：光标闪烁位右移。

【Freq】【Period】键：循环选择频率和周期，在校准功能下用于取消校准。

【Ampl】【Atten】键：循环选择幅度和衰减。

【Offset】键：选择偏移。

【FM】【AM】【PM】【PWM】【FSK】【Sweep】【Burst】键：分别用于选择和退出频率调制、幅度调制、相位调制、脉宽调制、频移键控、频率扫描和脉冲串功能。

【Trig】键：在频率扫描、FSK 调制和脉冲串功能下选择外部触发。

【Output】键：循环开通和关闭输出信号。

【Shift】键：选择上档键，在程控状态下返回键盘功能。

【Sine】【Square】【Ramp】键：上档键，分别用于选择正弦波、方波和锯齿波 3 种常用波形。

【Arb】键：上档键，使用波形序号选择 16 种波形。

【Duty】键：上档键，在方波时选择占空比，在锯齿波时选择对称度。

【Cal】键：上档键，选择参数校准功能。

单位键：下排 6 个功能键的上方标有单位字符，但这并不表示上档键，而表示双功能键。直接按这 6 个功能键执行键面功能，如果在输入数据之后按这 6 个功能键，则可以选择数据的单位，同时结束数据输入，接通电源。按下前面板左下方的电源开关，即可点亮显示屏，按任何按键一次，即可进入频率设置菜单，整机开始工作。

【Menu】键：菜单键，在不同的功能下循环选择不同的选项，如表 1-1 所示。

表 1-1　菜单键选项表

功　　能	菜单键选项
连续	波形相位，版本号
频率扫描	始点频率，终点频率，扫描时间，扫描模式
脉冲串	重复周期，脉冲计数，起始相位
频率调制	调制频率，调频频偏，调制波形
幅度调制	调制频率，调幅深度，调制波形
相位调制	调制频率，相位偏移，调制波形
脉宽调制	调制频率，调宽深度，调制波形
频移键控	跳变速率，跳变频率
校准	校准值：零点，偏移，幅度，频率，幅度平坦度

（2）调节频率。

例如，要输入的信号频率为 3.5kHz，则按键操作步骤如下：【Freq】【3】【.】【5】【kHz】。

频率调节：按【<】键或【>】键可移动光标闪烁位，转转调节旋钮可使光标闪烁位的数字增大或减小，并能连续进位或借位。光标闪烁位向左移动可以粗调，光标闪烁位向右移动可以细调。其他选项数据大小也都可以使用调节旋钮调节，以后不再重述。

（3）调节幅度。

例如，设定幅度值为 1.5V（峰峰值），则按键操作步骤如下：【Ampl】【1】【.】【5】【Vpp】。

幅度值的输入和显示有两种格式：峰峰值格式和有效值格式。数字输入后按【Vpp】键或【mVpp】键可以输入幅度峰峰值，按【Vrms】键或【mVrms】键可以输入幅度有效值。幅度有效值只能在正弦波、方波和锯齿波 3 种常用波形情况下使用，在其他波形情况下只能使用幅度峰峰值。

（4）输出波形选择仪器中具有 16 种波形（见表 1-2），其中正弦波、方波和锯齿波 3 种常用波形分别使用【Shift】+【Sine】组合键、【Shift】+【Square】组合键和【Shift】+【Ramp】组合键直接选择并显示出相应的波形符号，其他波形的波形符号为"Arb"。16 种波形都可以使用波形序号选择，按【Shift】+【Arb】组合键，用数字键或调节旋钮输入波形序号，即可选中由序号指定的波形。

表 1-2　波形序号表

序　号	波　形	名　称	序　号	波　形	名　称
00	正弦波	Sine	08	限幅正弦波	Limit sine
01	方波	Square	09	指数函数	Exponent
02	锯齿波	Ramp	10	对数函数	Logarithm
03	正脉冲	Pos-pulse	11	正切函数	Tangent
04	负脉冲	Neg-pulse	12	sinc 函数	sinc(x)
05	阶梯波	Stair	13	半圆函数	Half round
06	噪声波	Noise	14	心电图波形	Cardiac
07	半正弦波	Half sine	15	振动波形	Quake

注意：函数信号发生器作为信号源，输出端不允许短路。

3）交流毫伏表

交流毫伏表只能在其工作频率范围之内，用来测量正弦交流电压的有效值。交流毫伏表采用了单片机控制技术和液晶点阵技术，集模拟技术与数字技术于一体，是一种通用型智能化的全自动数字交流毫伏表，适用于测量频率为 5Hz～2MHz、电压为 0～300V 的正弦交流电压有效值，具有测量精度高、测量速度快、输入阻抗高、频率影响误差小等优点。

4）六位数显频率计

六位数显频率计的频率测量范围为 1Hz～10MHz，电压峰峰值为 20V，有六位共阴极 LED 数码管用以显示数字，闸门时基为 1s，灵敏度为 35mV(1Hz～500kHz) // 100mV(500kHz～10MHz)；测频精度为万分之二（10MHz）。

先开启电源开关，再开启频率计处分开关，频率计进入待测状态。

3．实验仪器

（1）函数信号发生器。

（2）双踪示波器。

（3）交流毫伏表。

4．实验内容

1）用机内校正信号对示波器进行自检

（1）示波器接入信号。

① 用示波器探头将信号接入通道 CH1（见图 1-5）。将探头上的开关设定为"×1"（见图 1-6），并将示波器探头与通道 CH1 相连。将探头补偿器的连接器上的插槽对准通道 CH1 同轴电缆插接件（BNC）上的插口并插入，然后向右旋转以拧紧探头。

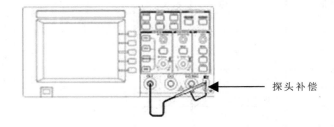

探头补偿

图 1-5　用示波器探头将信号接入通道 CH1

② 设置探头菜单衰减系数（见图 1-7）。此衰减系数可改变示波器的垂直挡位比例，从而使得测量结果正确反映被测信号的电平（默认的探头菜单衰减系数为"1X"）。设置探头菜单衰减系数的方法如下：按 CH1 按键显示通道 CH1 的操作菜单，应用与探头项目平行的 3 号菜单操作键，选择与使用的探头同比例的衰减系数，此时应设定为"1X"。

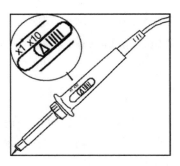

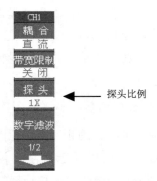

探头比例

图 1-6　将探头上的开关设定为"×1"　　　图 1-7　设置探头菜单衰减系数

③ 把探头端部和接地夹接到探头补偿器的连接器上。按 AUTO （自动设置）按键，几秒内可显示方波（频率为 1kHz，电压峰峰值约为 3V）。

④ 以同样的方法检查通道 CH2。按 OFF 按键以关闭通道 CH1，按 CH2 按键以打开通道 CH2，重复步骤②和步骤③。

（2）测量校正信号波形的幅度、频率。

① 显示校正信号波形的操作步骤如下。

a．将探头菜单衰减系数设定为"1X"（见图 1-7），并将探头上的开关设定为"×1"（见图 1-6）。

b．将通道 CH1 的探头连接到示波器的探头补偿器上。

c．按 AUTO 按键。示波器将自动设置使波形显示达到最佳效果。在此基础上可以进一步调节垂直、水平挡位，直至波形的显示符合要求。

② 进行自动测量。示波器可对大多数显示信号进行自动测量。测量校正信号波形的幅度和频率的操作步骤如下。

a．测量幅度。

按 MEASURE 按键，显示 MEASURE 菜单。

按 1 号菜单操作键选择信源：CH1。

按 2 号菜单操作键选择测量类型：电压测量。

按 2 号菜单操作键选择测量参数：峰峰值。

此时，可以在屏幕左下角发现电压峰峰值的显示，将数据记入表 1-3。

表 1-3 数据记录表 1

项 目	标 准 值	实 测 值
幅度/V		
频率/kHz		
上升时间/μs		
下降时间/μs		

b．测量频率。

按 3 号菜单操作键选择测量类型：时间测量。

按 2 号菜单操作键选择测量参数：频率。

此时，可以在屏幕下方发现频率的显示，将数据记入表 1-3。

注意：将输入耦合方式置于"交流"或"直流"，旋转水平 SCALE 旋钮改变"s/div"（秒/格）水平挡位，使示波器显示屏上显示出一个或数个周期稳定的方波波形。

测量结果在屏幕上的显示会因为被测信号的变化而变化。

注意：不同型号示波器的标准值有所不同（DS-5000 数字存储示波器的频率为 1kHz，电压峰峰值为 3V），请按所使用的示波器将标准值填入表 1-3。

（3）测量校正信号的上升时间和下降时间。

按 MEASURE 按键，显示 MEASURE 菜单。

按 3 号菜单操作键选择测量类型：时间测量（见图 1-8）。

按 4 号菜单操作键选择测量参数：上升时间（见图 1-9）。

按 5 号菜单操作键选择测量参数：下降时间（见图 1-9）。

此时，可以在屏幕下方发现上升时间和下降时间的显示，将数据记入表 1-3。

图 1-8　时间测量

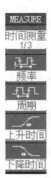

图 1-9　上升时间、下升时间测量

2）用示波器和交流毫伏表测量信号参数

旋转函数信号发生器的调节旋钮，输出频率分别为 100Hz、1kHz、10kHz、100kHz，电压有效值均为 1V（交流毫伏表测量值）的正弦波信号。

先旋转示波器的水平 SCALE 旋钮改变"s/div"（秒/格）水平挡位，再旋转示波器的垂直 SCALE 旋钮改变"V/div"（伏/格）垂直挡位，测量出函数信号发生器输出电压频率及峰峰值，将数据记入表 1-4。

表 1-4　数据记录表 2

信号频率	示波器测量值		频率计读数/Hz	交流毫伏表读数/V	示波器测量值	
	周期/ms	频率/Hz			峰峰值/V	有效值/V
100Hz						
1kHz						
10kHz						
100kHz						

3）测量两波形间相位差

（1）用双踪示波器测量并显示两波形间相位差。

① 按图 1-10 连接实验电路，将函数信号发生器的输出电压信号波形调至频率为 1kHz、幅值为 2V 的正弦波，经 RC 移相网络获得频率相同但相位不同的两路信号 v_i 和 v_R，分别加到双踪示波器的通道 CH1 和通道 CH2 输入端。

设置探头和双踪示波器通道的探头菜单衰减系数为"1X"。将双踪示波器的通道 CH1 与电路信号输入端相接，通道 CH2 与电路信号输出端相接。

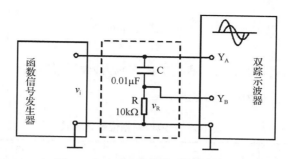

图 1-10　两波形间相位差测量电路

② 显示通道 CH1 和通道 CH2 的信号。

按 AUTO 按键，继续调整水平、垂直挡位直至波形显示满足测试要求。

按 CH1 按键选择通道 CH1，旋转垂直（VERTICAL）区域的 POSITION 旋钮调整通道 CH1 波形的垂直位置。

按 CH2 按键选择通道 CH2，如前操作，调整通道 CH2 波形的垂直位置。使通道 CH1 和 CH2 的波形既不重叠在一起，又利于观察和比较。

③ 测量正弦信号通过电路后产生的延时，并观察波形的变化。

a. 自动测量通道延时。

按 MEASURE 按键，显示 MEASURE 菜单。

按 1 号菜单操作键选择信源：CH1。

按 3 号菜单操作键选择测量类型：时间测量。

按 1 号菜单操作键选择测量类型分页：时间测量 3-3。

按 2 号菜单操作键选择测量类型分页：延迟 1->2 。

此时，可以在屏幕左下角发现通道 CH1 和 CH2 在上升沿的延时（相位差）数值显示。

b. 观察波形的变化（见图 1-11）。

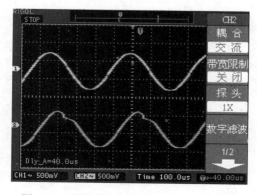

图 1-11　两波形间相位差及其畸变示意图

$$\theta = \frac{X}{X_T} \times 360°$$

式中，X_T 为一周期所占格数；X 为两波形在 X 轴方向相差的格数。

两波形间相位差记录表如表 1-5 所示。

表 1-5   两波形间相位差记录表

一周期所占格数	两波形在 X 轴方向相差的格数	相 位 差	
		实 测 值	计 算 值

5．预习要求

（1）阅读实验中有关示波器部分的内容。

（2）已知 $C=0.01\mu F$、$R=10k\Omega$，计算图 1-10 中 RC 移相网络的阻抗角 θ。

6．注意事项

（1）函数信号发生器的输出端不能短路。

（2）频率计测量的频率和电压要在允许的范围内。

7．思考题

（1）如何操纵示波器上的有关旋钮，以便从示波器显示屏上观察到稳定、清晰的波形？

（2）函数信号发生器有哪几种输出波形？它的输出端能否短路？若用屏蔽线作为输出引线，则屏蔽层一端应该接在哪个接线柱上？

（3）交流毫伏表是用来测量正弦波电压的还是用来测量非正弦波电压的？它显示的是被测信号的什么数值？它是否可以用来测量直流电压？

8．实验报告

整理实验数据并进行分析。

第 2 章

基础实验

2.1　集成门电路实验

1．实验目的

（1）熟悉数字电子技术实验装置的基本使用方法和电路测试方法。

（2）掌握 TTL 集成门电路的逻辑功能和主要参数测试方法。

（3）掌握用门电路设计组合逻辑电路的方法。

2．实验原理

TTL 集成门电路通常采用双列直插式的封装形式。例如，本实验中采用了与非门集成电路 74LS00，其外形与引脚排列如图 2-1 所示。与非门逻辑符号如图 2-2 所示。

（a）

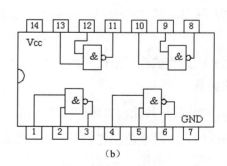
（b）

图 2-1　74LS00 的外形与引脚排列

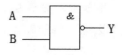

图 2-2　与非门逻辑符号

印在芯片上的字符代表芯片的特征，不同生产厂家的命名规则不同，但是大多数都沿用德州仪器（Texas Instruments）公司的命名方法。例如，图 2-1（a）中芯片上的字符 HD74LS00P 的含义如下。

$$HD \quad 74 \quad LS \quad 00 \quad P$$
$$① \quad ② \quad ③ \quad ④ \quad ⑤$$

① 出品公司。HD 表示日立公司，SN 表示德州仪器公司，MC 表示摩托罗拉公司。

② 工作温度范围。74/54 表示工作温度范围，54 系列芯片的工作温度范围是-55～+125℃，通常用于军工领域；74 系列芯片的工作温度范围是 0～+70℃，通常用于民用领域。

③ 系列名称。LS 表示低功耗肖特基系列，ALS 表示先进的低功耗肖特基系列，AS 表示先进的肖特基系列，H 表示高速系列，空白表示普通系列，L 表示低功耗系列，S 表示肖特基系列。

④ 品种。表示不同功能的芯片，00 表示二输入四与非门，20 表示四输入二与非门，112 表示 JK 触发器，74 表示 D 触发器。

⑤ 封装形式。P 表示塑料双列直插式。

1）与非门的逻辑功能测试

与非门的逻辑功能：当输入端中有一个或一个以上为低电平时，输出端为高电平；只有当输入端全部为高电平时，输出端才为低电平，即有"0"得"1"，全"1"得"0"。

与非门的逻辑表达式为 $Y = \overline{AB\cdots}$。

测试门电路的逻辑功能有两种方法。

（1）静态测试法：给门电路输入端加固定高、低电平，用万用表、LED 等测输出电平。

（2）动态测试法：给门电路输入端加一串脉冲信号，用示波器观测输入波形与输出波形的关系。

2）与非门与其他门电路的功能转换

与非门是一种全能的逻辑门，可以实现与、或、非三种基本逻辑功能。因此，可以用与非门实现任意组合逻辑功能。

3）用与非门设计组合逻辑电路

用与非门设计组合逻辑电路的一般步骤：逻辑假设，确定输入变量、输出变量，规定变量的取值，列出真值表或画出卡诺图，将问题先转化为逻辑代数问题，化简后写出最简逻辑函数表达式，然后用与非门实现组合逻辑功能。

4）与非门的主要参数

本实验中采用了四输入二与非门集成电路 74LS20，即一个芯片含有两个互相独立的与非门，每个与非门有 4 个输入端。74LS20 的逻辑框图、符号及引脚排列如图 2-3 所示。

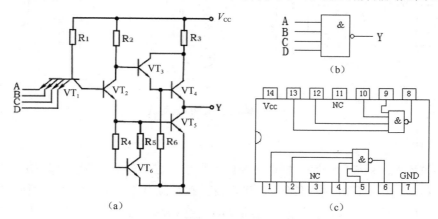

图 2-3　74LS20 的逻辑框图、符号及引脚排列

（1）低电平输出电源电流 I_{CCL} 和高电平输出电源电流 I_{CCH}。

当与非门处于不同的工作状态时，电源提供的电流是不同的。I_{CCL} 是指当所有输入端悬空，输出端空载时，电源提供的电流。I_{CCH} 是指当输出端空载，每个与非门各有一个以上输入端接地，其余输入端悬空时，电源提供的电流。通常 $I_{CCL} > I_{CCH}$，它们的大小标志着器件静态功耗的大小。器件的最大功耗为 $P_{CCL} = V_{CC} I_{CCL}$。手册中提供的电源电流和功耗值是指整个器件总的电源电流和总的功耗。I_{CCL} 和 I_{CCH} 测试电路如图 2-4（a）、（b）所示。

注意：TTL 集成门电路对电源电压要求较严，电源电压只允许在（5±0.5）V 的范围内，超过 5.5V 将损坏器件，低于 4.5V 器件的逻辑功能将不正常。

（2）低电平输入电流 I_{iL} 和高电平输入电流 I_{iH}。

I_{iL} 是指当被测输入端接地，其余输入端悬空，输出端空载时，由被测输入端流出的电流。在多级门电路中，I_{iL} 相当于前级门输出低电平时后级门向前级门灌入的电流，其大小关系到前级门的灌电流负载能力，即直接影响前级门电路带负载的个数，因此希望 I_{iL} 小一些。

I_{iH} 是指当被测输入端接高电平，其余输入端接地，输出端空载时，流入被测输入端的电流。在多级门电路中，I_{iH} 相当于前级门输出高电平时前级门的拉电流，其大小关系到前级门的拉电流负载能力，因此希望 I_{iH} 小一些。由于 I_{iH} 较小，难以测量，因此该电流一般免于测试。

I_{iL} 与 I_{iH} 测试电路如图 2-4（c）、（d）所示。

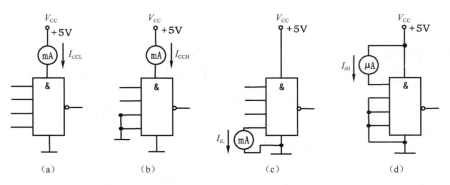

图 2-4 TTL 与非门静态参数测试电路

（3）扇出系数 N_O。

扇出系数 N_O 是指门电路能驱动同类门的个数，它是衡量门电路负载能力的参数。TTL 与非门有两种不同性质的负载，即灌电流负载和拉电流负载，因此有两种扇出系数，即低电平扇出系数 N_{OL} 和高电平扇出系数 N_{OH}。通常 $I_{iH} < I_{iL}$，$N_{OH} > N_{OL}$，故常以 N_{OL} 作为 TTL 与非门的扇出系数。

扇出系数测试电路如图 2-5 所示，与非门的输入端全部悬空，输出端接灌电流负载电阻 R_L，调节 R_L 使 I_{OL} 增大，V_{OL} 随之升高，当 V_{OL} 达到 V_{OLm}（手册中规定低电平规范值为 0.4V）时的 I_{OL} 就是允许灌入的最大负载电流，有

$$N_{OL} = \frac{I_{OL}}{I_{iL}}$$

通常 $N_{OL} \geqslant 8$。

（4）电压传输特性。

门的输出电压 v_o 随输入电压 v_i 的变化而变化的曲线 $v_o = f(v_i)$ 称为门的电压传输特性，通过该曲线可得出门电路的一些重要参数，如输出高电平 V_{OH}、输出低电平 V_{OL}、关门电平 V_{off}、开门电平 V_{ON}、阈值电平 V_T，以及抗干扰容限 V_{NL}、V_{NH} 等。电压传输特性测试电路如图 2-6 所示，采用逐点测试法，即调节 R_W，逐点测得 v_i 及 v_o，然后绘成曲线。

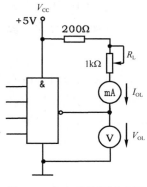

图 2-5 扇出系数测试电路

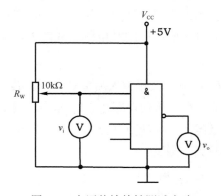

图 2-6 电压传输特性测试电路

（5）平均传输延迟时间 t_{pd}。

平均传输延迟时间 t_{pd} 是衡量门电路开关速度的参数，是指输出波形边沿 $0.5V_m$ 点至输入波形对应边沿 $0.5V_m$ 点的时间间隔，如图 2-7（a）所示。

图 2-7（a）中的 t_{pdL} 为导通延迟时间，t_{pdH} 为截止延迟时间，平均传输延迟时间为

$$t_{pd} = \frac{1}{2}(t_{pdL} + t_{pdH})$$

平均传输延迟时间测试电路如图 2-7（b）所示，由于 TTL 与非门电路的延迟时间较短，直接测量对信号发生器和示波器的性能要求较高，故本实验采用测量由奇数个与非门组成的环形振荡器的振荡周期 T 的方法来求解。其工作原理是：假设在接通电源后的某一瞬间，电路中的 A 点电平为逻辑 "1"，经过三级门的延迟后，使 A 点电平由原来的逻辑 "1" 变为逻辑 "0"；再经过三级门的延迟后，A 点电平又重新回到逻辑 "1"，电路中其他各点的电平也随之变化。说明使 A 点电平发生一个周期的振荡，必须经过 6 级门的延迟时间。因此，平均传输延迟时间为

$$t_{pd} = \frac{T}{6}$$

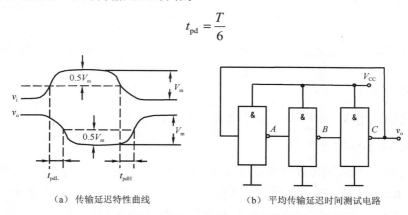

（a）传输延迟特性曲线   （b）平均传输延迟时间测试电路

图 2-7   传输延迟特性曲线与平均传输延迟时间测试电路

TTL 与非门电路的 t_{pd} 的范围一般为 10～40ns。

74LS20 的主要电参数如表 2-1 所示。

表 2-1   74LS20 的主要电参数

	参数名称和符号		规范值	单位	测 试 条 件
直流参数	通导电源电流	I_{CCL}	<14	mA	V_{CC}=5V，输入端悬空，输出端空载
	截止电源电流	I_{CCH}	<7	mA	V_{CC}=5V，一个以上输入端接地，其余输入端悬空，输出端空载
	低电平输入电流	I_{iL}	≤1.4	mA	V_{CC}=5V，被测输入端接地，其他输入端悬空，输出端空载
	高电平输入电流	I_{iH}	<50	μA	V_{CC}=5V，被测输入端 V_{in}=2.4V，其他输入端接地，输出端空载
			<1	mA	V_{CC}=5V，被测输入端 V_{in}=5V，其他输入端接地，输出端空载
	输出高电平	V_{OH}	≥3.4	V	V_{CC}=5V，被测输入端 V_{in}=0.8V，其他输入端悬空，I_{OH}=400μA
	输出低电平	V_{OL}	<0.3	V	V_{CC}=5V，输入端 V_{in}=2.0V，I_{OL}=12.8mA
	扇出系数	N_O	4～8	V	同 V_{OH} 和 V_{OL}

续表

参数名称和符号		规范值	单位	测 试 条 件
交流参数	平均传输延迟时间 t_{pd}	≤20	ns	V_{CC}=5V，被测输入端输入信号：V_{in}=3.0V，f=2MHz

3．实验仪器与元器件

（1）+5V 直流电源。

（2）逻辑电平开关。

（3）逻辑电平显示器。

（4）直流数字电压表。

（5）直流毫安表。

（6）直流微安表。

（7）74LS00×2、74LS20×1、1kΩ电位器、10kΩ电位器和 200Ω 电阻（0.5W）。

4．实验内容

在合适的位置选取一个 14P 插座，按定位标记插好 74LS00。

1）验证 74LS00 的逻辑功能

与非门的两个输入端接逻辑电平开关输出插口，以提供"0"与"1"电平信号，开关向上为逻辑"1"，向下为逻辑"0"。与非门的输出端接由 LED 组成的逻辑电平显示器（又称 0-1 指示器）的显示插口，LED 亮为逻辑"1"，不亮为逻辑"0"。逐个测试 74LS00 中两个与非门的逻辑功能，填写表 2-2。

表 2-2   数据记录表 1

A	B	Y

2）验证 74LS20 的逻辑功能

74LS20 中包含两个四输入与非门，其引脚排列如图 2-3（c）所示，选择其中一个进行逻辑功能测试，填写表 2-3。

表 2-3   数据记录表 2

A	B	C	D	Y

3）用与非门实现与、或、非三种逻辑功能

用与非门实现与、或、非三种逻辑功能，画出电路原理图，连接电路并验证逻辑功能是否正确。

4）用与非门设计组合逻辑电路

设计一个水箱水位控制电路，有两个水箱，分别由两个液位传感器的输出信号指示水箱的水位是否超过警戒线。试用与非门设计一个电路，当两个水箱的水位都超过警戒线时，发出报警指示。报警指示可以用 LED 实现，要注意与非门驱动负载（LED）的方式。

5）74LS20 主要参数的测试

（1）分别按图 2-4、图 2-5 和图 2-7（b）接线并进行测试，将测试结果记入表 2-4。

表 2-4   数据记录表 3

I_{CCL}/mA	I_{CCH}/mA	I_{iL}/mA	I_{OL}/mA	$N_O = \dfrac{I_{OL}}{I_{iL}}$	$t_{pd} = \dfrac{T}{6}$ / ns

（2）按图 2-6 接线，调节 R_W，使 v_i 从 0V 向高电平变化，逐点测量 v_i 和 v_o 的对应值，记入表 2-5。

表 2-5   数据记录表 4

v_i/V	0	0.2	0.4	0.6	0.8	1.0	1.5	2.0	2.5	3.0	3.5	4.0	...
v_o/V													

5. 预习要求

熟悉 TTL 集成门电路的组成、工作原理、电气特性、主要参数和逻辑功能。

6. 注意事项

（1）在接插集成电路时，要认清定位标记，不得插反。

（2）电源电压的使用范围为 4.5～5.5V，实验中要求使用+5V 直流电源。电源极性绝对不允许接反。

（3）闲置输入端处理方法。

① TTL 集成门电路的输入端悬空，相当于接入高电平"1"，对于一般集成电路，若输入端在实验时做悬空处理，则易受外界干扰，从而导致电路的逻辑功能不正常。因此，对于接有长线的输入端，中规模以上的集成电路和使用集成电路较多的复杂电路的所有控制输入端必须按逻辑要求接入电路，不允许悬空。CMOS 集成门电路的输入端不允许悬空。

② 与非门的闲置输入端直接接电源（也可以串入一个 1～10kΩ的固定电阻），或接至某一固定电压（2.4～4.5V）的电源上，或与输入端接地的多余与非门输出端相接。

③ 若前级驱动能力允许，则闲置输入端可以与使用的输入端并联。

（4）输入端通过电阻接地，电阻值的大小将直接影响电路所处的状态。当 $R \leqslant 680\Omega$ 时，输入端相当于逻辑"0"；当 $R \geqslant 4.7\,\mathrm{k}\Omega$时，输入端相当于逻辑"1"。对于不同系列的元器件，要求的电阻值不同。

（5）输出端不允许并联使用（集电极开路门和三态输出门电路除外），否则不仅会使电路逻辑功能混乱，还会导致器件损坏。

（6）输出端不允许直接接地或直接接+5V 直流电源，否则将损坏器件，有时为了使后级电路获得较高的输出电平，允许输出端通过电阻接至电源，一般电阻值取 3～5.1kΩ。

7. 思考题

（1）如果一个与非门的一个输入端接连续脉冲，那么：

① 当其余输入端是什么逻辑状态时，允许脉冲通过？当有脉冲通过时，输出波形与输入波形有何差别？

② 当其余输入端是什么逻辑状态时，不允许脉冲通过？在这种情况下，输出端是什么状态？

（2）为什么 TTL 与非门输入端悬空相当于接入高电平"1"？

8. 实验报告

（1）记录、整理实验数据，并对实验结果进行分析。

（2）画出实测的电压传输特性曲线，并从中读出各有关参数值。

9. 集成电路简介

数字电子技术实验中所用到的集成电路都是双列直插式的，其引脚排列规则如图 2-1（b）所示。引脚识别方法：正对集成电路型号（如 74LS00）或看标记（左边的缺口或小圆点标记），从左下角开始按逆时针方向以 1,2,3,…依次排列到最后一个引脚（在左上角）。在标准型 TTL 集成门电路中，电源引脚 V_{CC} 一般排在左上角，接地引脚 GND

一般排在右下角。例如，74LS00 为具有 14 个引脚的集成电路，14 号引脚为 V_{CC}，7 号引脚为 GND。若集成电路引脚上的功能标号为 NC，则表示该引脚为空引脚，与内部电路不连接。

2.2 常用组合逻辑电路实验

1．实验目的

（1）熟悉组合逻辑电路的分析及设计方法。

（2）学会用数据选择器构成设计组合逻辑电路。

（3）学习用集成的组合逻辑器件设计、安装和调试组合逻辑电路。

2．实验原理

1）用中小规模集成电路设计组合逻辑电路

（1）门电路的设计方法。

门电路的设计方法已经在集成门电路实验中阐述过。门电路设计的关键是用真值表或卡诺图将要设计的门电路功能描述出来。门电路设计流程如图 2-8 所示。

（2）用数据选择器设计组合逻辑电路。

数据选择器的用途很多，如多通道传输、数码比较、并行码变串行码及实现逻辑功能等。数据选择器通常有数据输入端、地址输入端（选择输入端）和数据输出端，4 选 1 数据选择器有 4 个数据输入端、2 个地址输入端和 1 个数据输出端，如图 2-9 所示。典型的数据选择器功能表如表 2-6 所示。

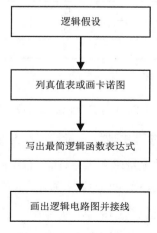

图 2-8　门电路设计流程

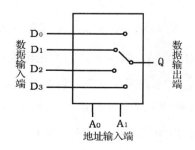

图 2-9　4 选 1 数据选择器示意图

表 2-6   典型的数据选择器功能表

输　　　入			输　　出
$\overline{S}$	A_1	A_0	Q
1	×	×	0
0	0	0	D_0
0	0	1	D_1
0	1	0	D_2
0	1	1	D_3

$\overline{S}$ 是使能端，当 $\overline{S}$ 为低电平时，数据选择器正常工作。

74LS153 是一个双 4 选 1 数据选择器，即在一个芯片上有两个 4 选 1 数据选择器。74LS153 的引脚排列如图 2-10 所示，其功能表如表 2-7 所示。

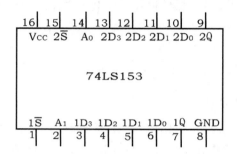

图 2-10   74LS153 的引脚排列

表 2-7   74LS153 的功能表

输　　　入			输　　出
$\overline{S}$	A_1	A_0	Q
1	×	×	0
0	0	0	D_0
0	0	1	D_1
0	1	0	D_2
0	1	1	D_3

输出与输入的关系：

$$Y = D_0\overline{A}_1\overline{A}_0 + D_1\overline{A}_1A_0 + D_2A_1\overline{A}_0 + D_3A_1A_0 = m_0D_0 + m_1D_1 + m_2D_2 + m_3D_3$$

由此可见，数据选择器的输出为标准与或式，含有由地址变量构成的全部最小项。

$1\overline{S}$、$2\overline{S}$ 为两个独立的使能端；A_1、A_0 为公用的地址输入端；$1D_0\sim1D_3$ 和 $2D_0\sim2D_3$ 分别为两个 4 选 1 数据选择器的数据输入端；$1Q$、$2Q$ 为两个数据输出端。

① 当使能端 $1\overline{S}$（$2\overline{S}$）为 1 时，多路开关被禁止，无输出，Q 为 0。

② 当使能端 $1\overline{S}$（$2\overline{S}$）为 0 时，多路开关正常工作，根据地址输入端 A_1、A_0 的状

态，将相应的数据送到数据输出端 Q。

例如，$A_1A_0=00$，则选择 D_0 的数据送到数据输出端 Q，即 $Q=D_0$；$A_1A_0=01$，则选择 D_1 的数据送到数据输出端 Q，即 $Q=D_1$。

其余的以此类推。

任何组合逻辑函数都可以表示成最小项之和的形式，故可用数据选择器设计组合逻辑电路，具体设计流程如图 2-11 所示。

（3）8 选 1 数据选择器 74LS151。

74LS151 为互补输出的 8 选 1 数据选择器，其引脚排列如图 2-12 所示，其功能表如表 2-8 所示。

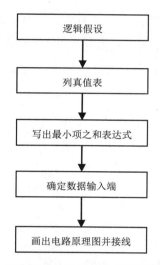

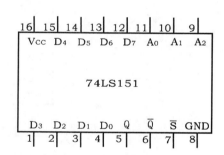

图 2-11 用数据选择器设计组合逻辑电路的流程　　　　图 2-12 74LS151 的引脚排列

表 2-8 74LS151 的功能表

输　　入				输　　出	
$\overline{S}$	A_2	A_1	A_0	Q	$\overline{Q}$
1	×	×	×	0	1
0	0	0	0	D_0	$\overline{D_0}$
0	0	0	1	D_1	$\overline{D_1}$
0	0	1	0	D_2	$\overline{D_2}$
0	0	1	1	D_3	$\overline{D_3}$
0	1	0	0	D_4	$\overline{D_4}$
0	1	0	1	D_5	$\overline{D_5}$
0	1	1	0	D_6	$\overline{D_6}$
0	1	1	1	D_7	$\overline{D_7}$

地址输入端为 A_2、A_1、A_0，按二进制译码，从 8 个数据输入端 $D_0 \sim D_7$ 中选择 1 个需要的数据送到数据输出端 Q。$\overline{S}$ 为使能端，低电平有效。

① 当使能端 $\overline{S}=1$ 时，不论 A_2、A_1、A_0 状态如何，均无输出（$Q=0$，$\overline{Q}=1$），多路开关被禁止。

② 当使能端 $\overline{S}=0$ 时，多路开关正常工作，根据地址输入端 A_2、A_1、A_0 的状态选择 $D_0 \sim D_7$ 中某一个通道的数据送到数据输出端 Q。

例如，$A_2A_1A_0=000$，则选择 D_0 的数据送到数据输出端 Q，即 $Q=D_0$；$A_2A_1A_0=001$，则选择 D_1 的数据送到数据输出端 Q，即 $Q=D_1$。

其余的以此类推。

【例 2-1】用 8 选 1 数据选择器 74LS151 实现逻辑函数功能 $F = A\overline{B} + \overline{A}C + B\overline{C}$。

用 8 选 1 数据选择器 74LS151 可实现任意三输入变量的组合逻辑函数功能，如图 2-13 所示。

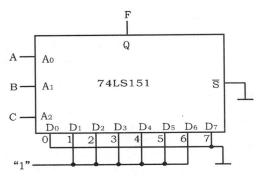

图 2-13　用 8 选 1 数据选择器实现函数功能 $F = A\overline{B} + \overline{A}C + B\overline{C}$

逻辑函数功能表 1 如表 2-9 所示。

表 2-9　逻辑函数功能表 1

输　入			输　出
C	B	A	F
0	0	0	0
0	0	1	1
0	1	0	1
0	1	1	1
1	0	0	1
1	0	1	1
1	1	0	1
1	1	1	0

将逻辑函数功能表 1 与 74LS151 的功能表相比较，可知：

（1）将输入逻辑变量 C、B、A 作为 8 选 1 数据选择器的地址码 A_2、A_1、A_0。

（2）使 8 选 1 数据选择器的各数据输入端 $D_0 \sim D_7$ 的值分别与逻辑函数的输出值一一对应，则有

$$A_2 A_1 A_0 = CBA$$
$$D_0 = D_7 = 0$$
$$D_1 = D_2 = D_3 = D_4 = D_5 = D_6 = 1$$

这样 8 选 1 数据选择器的数据输出端 Q 便实现了逻辑函数功能 $F = A\overline{B} + \overline{A}C + B\overline{C}$。

【例 2-2】用 8 选 1 数据选择器 74LS151 实现逻辑函数功能 $F = A\overline{B} + \overline{A}B$。

（1）逻辑函数功能表 2 如表 2-10 所示。

表 2-10　逻辑函数功能表 2

输　入		输　出
A	B	F
0	0	0
0	1	1
1	0	1
1	1	0

（2）将 A、B 加到地址输入端 A_1、A_0，A_2 接地。由表 2-10 可见，将 D_1、D_2 接高电平 "1"，D_0、$D_3 \sim D_7$ 都接地，8 选 1 数据选择器的数据输出端 Q 便实现了逻辑函数功能 $F = A\overline{B} + B\overline{A}$。

实现逻辑函数功能 $F = A\overline{B} + \overline{A}B$ 的电路原理图如图 2-14 所示。

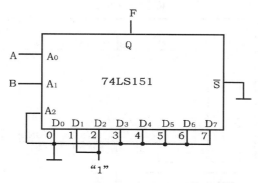

图 2-14　实现逻辑函数功能 $F = A\overline{B} + \overline{A}B$ 的电路原理图

显然，当逻辑函数输入变量的个数小于数据选择器的地址输入端个数时，应将不用的地址输入端及不用的数据输入端都接地。

2）集成全加器 74LS283

74LS283 是 4 位二进制超前进位加法器，每一位都有和（$\sum_i$）输出，C_4 为总进位

输出端。74LS283 的引脚排列如图 2-15 所示，其电路原理图如图 2-16 所示。

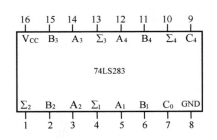

图 2-15   74LS283 的引脚排列

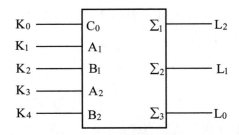

图 2-16   74LS283 的电路原理图

3．实验仪器与元器件

（1）+5V 直流电源。

（2）逻辑电平开关。

（3）逻辑电平显示器。

（4）74LS151（或 CC4512）、74LS153（或 CC4539）和 74LS283。

4．实验内容

（1）测试 74LS151 的逻辑功能。

按图 2-17 接线，地址输入端 A_2、A_1、A_0，数据输入端 $D_0 \sim D_7$，以及使能端 $\overline{S}$ 接逻辑电平开关，数据输出端 Q 接逻辑电平显示器，按 74LS151 的功能表逐项进行测试，记录测试结果。

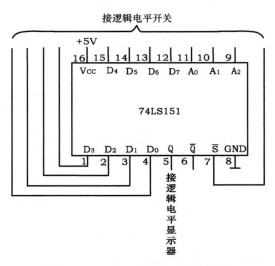

图 2-17   74LS151 逻辑功能测试电路

（2）采用同样的方法测试 74LS153 的逻辑功能，记录相关数据。

（3）用 74LS151 设计三输入多数表决电路。设计步骤如下。

① 写出设计过程。

② 画出电路原理图。

③ 验证逻辑功能。

（4）用 8 选 1 数据选择器实现逻辑函数功能 $F = \overline{A}(B + \overline{C} + E) + BCD$。画出逻辑电路图，并进行连接和调试。设计步骤如下。

① 写出设计过程。

② 画出电路原理图。

③ 验证逻辑功能。

（5）用 74LS153 实现全加器功能。设计步骤如下。

① 写出设计过程。

② 画出电路原理图。

③ 验证逻辑功能。

（6）验证 74LS283 的逻辑功能，实现两位二进制数的加法运算。按图 2-16 接好电路，验证表 2-11 和表 2-12 中的内容。

表 2-11　74LS283 加法器 $C_0=0$ 时的功能表

输入				实测输出			理论输出		
A_1	B_1	A_2	B_2	$\sum_1$	$\sum_2$	$\sum_3$	$\sum_1$	$\sum_2$	$\sum_3$
0	0	0	0				0	0	0
1	0	0	0				1	0	0
0	1	0	0				1	0	0
1	1	0	0				0	1	0
0	0	1	0				0	1	0
1	0	1	0				1	1	0
0	1	1	0				1	1	0
1	1	1	0				0	0	1
0	0	0	1				0	1	0
1	0	0	1				1	1	0
0	1	0	1				1	1	0
1	1	0	1				0	0	1
0	0	1	1				0	1	0
1	0	1	1				1	0	1
0	1	1	1				1	0	1
1	1	1	1				0	1	1

表 2-12 74LS283 加法器 $C_0=1$ 时的功能表

输入				实测输出			理论输出		
A_1	B_1	A_2	B_2	$\sum_1$	$\sum_2$	$\sum_3$	$\sum_1$	$\sum_2$	$\sum_3$
0	0	0	0				1	0	0
1	0	0	0				0	1	0
0	1	0	0				0	1	0
1	1	0	0				1	1	0
0	0	1	0				1	1	0
1	0	1	0				0	0	1
0	1	1	0				0	0	1
1	1	1	0				1	0	1
0	0	0	1				1	1	0
1	0	0	1				0	0	1
0	1	0	1				0	0	1
1	1	0	1				1	0	1
0	0	1	1				1	0	1
1	0	1	1				0	1	1
0	1	1	1				0	1	1
1	1	1	1				1	1	1

（7）用 74LS283 设计电路，实现将 8421BCD 码转换成余三码的功能。

① 写出设计过程。

② 画出电路原理图。

③ 验证逻辑功能。

5．预习要求

（1）复习数据选择器的工作原理。

（2）用数据选择器对实验内容中各逻辑函数功能进行预设计。

6．注意事项

（1）在接插集成电路时，要认清定位标记，不得插反。

（2）电源电压的使用范围为 4.5～5.5V，实验中要求使用+5V 直流电源。电源极性绝对不允许接反。

（3）输出端不允许并联使用（集电极开路门和三态输出门电路除外），否则不仅会使电路逻辑功能混乱，还会导致器件损坏。

（4）输出端不允许直接接地或直接接+5V 直流电源，否则将损坏器件，有时为了使后级电路获得较高的输出电平，允许输出端通过电阻接至电源，一般电阻值取 3～5.1kΩ。

7．思考题

（1）如何将 74LS153 扩展为 8 选 1 数据选择器？

（2）试用半个 74LS153 设计 1 个 1010～1111 代码检测电路，并进行实验验证。

（3）试用 74LS283 和 74LS86 实现二进制数的相减功能。

8．实验报告

要求写出设计电路的步骤，画出电路原理图，列出验证电路功能所需的表格，写出验证过程。

2.3　译码器及其应用实验

1．实验目的

（1）掌握中规模集成译码器的逻辑功能和使用方法。

（2）熟悉数码管的使用方法。

2．实验原理

译码器是一个多输入、多输出的组合逻辑电路，它的作用是把给定的代码"翻译"成相应的状态，使输出通道中相应的一路有信号输出。译码器在数字系统中有广泛的用途，不仅可用于代码的转换、终端的数字显示，还可用于数据分配、存储器寻址和组合控制信号等。实现不同的功能可选用不同种类的译码器。

译码器可分为通用译码器和显示译码器两大类，前者又可分为变量译码器和代码变换译码器。下面详细介绍变量译码器和数码显示译码器。

1）变量译码器（又称为二进制译码器）

变量译码器用于表示输入变量的状态，如 2-4 线译码器、3-8 线译码器和 4-16 线译码器。若有 n 个输入变量，则有 2^n 个不同的组合状态，有 2^n 个输出端供其使用。每个输出所代表的逻辑函数对应于 n 个输入变量中的最小项。

以 3-8 线译码器 74LS138 为例进行分析，图 2-18 所示为 74LS138 的逻辑电路图及引脚排列。其中，A_2、A_1、A_0 为地址输入端，$\overline{Y}_0 \sim \overline{Y}_7$ 为译码输出端，S_1、$\overline{S}_2$、$\overline{S}_3$ 为使能端。

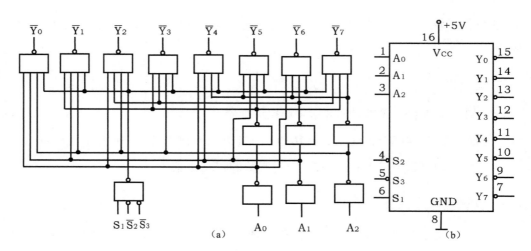

图 2-18　74LS138 的逻辑电路图及引脚排列

表 2-13 所示为 74LS138 的功能表。

表 2-13　74LS138 的功能表

输　入					输　　出							
S_1	$\overline{S}_2+\overline{S}_3$	A_2	A_1	A_0	$\overline{Y}_0$	$\overline{Y}_1$	$\overline{Y}_2$	$\overline{Y}_3$	$\overline{Y}_4$	$\overline{Y}_5$	$\overline{Y}_6$	$\overline{Y}_7$
1	0	0	0	0	0	1	1	1	1	1	1	1
1	0	0	0	1	1	0	1	1	1	1	1	1
1	0	0	1	0	1	1	0	1	1	1	1	1
1	0	0	1	1	1	1	1	0	1	1	1	1
1	0	1	0	0	1	1	1	1	0	1	1	1
1	0	1	0	1	1	1	1	1	1	0	1	1
1	0	1	1	0	1	1	1	1	1	1	0	1
1	0	1	1	1	1	1	1	1	1	1	1	0
0	×	×	×	×	1	1	1	1	1	1	1	1
×	1	×	×	×	1	1	1	1	1	1	1	1

　　当 S_1=1，$\overline{S}_2+\overline{S}_3=0$ 时，74LS138 使能，地址码所指定的输出端有信号（为 0）输出，其他所有输出端均无信号（全为 1）输出。当 S_1=0，$\overline{S}_2+\overline{S}_3=$ ×或 S_1=×，$\overline{S}_2+\overline{S}_3=1$ 时，74LS138 被禁止，所有输出同时为 1。

　　变量译码器实际上也是负脉冲输出的脉冲分配器。若利用使能端中的一个输入端输入数据信息，变量译码器就成为一个数据分配器（又称为多路分配器），如图 2-19 所示。若在 S_1 端输入数据信息，令 $\overline{S}_2=\overline{S}_3$=0，则地址码所对应的输出是 S_1 端数据信息的反码；若在 $\overline{S}_2$ 端输入数据信息，令 S_1=1、$\overline{S}_3$=0，则地址码所对应的输出是 $\overline{S}_2$ 端数据信息的原码。若数据信息是时钟脉冲，则数据分配器便成为时钟脉冲分配器。

变量译码器可根据输入地址的不同组合译出唯一地址，故可用作地址译码器。接成多路分配器，可将一个信号源的数据信息传输到不同的地点。

变量译码器还能方便地实现逻辑函数功能，如图 2-20 所示，实现的逻辑函数是

$$Z = \overline{\overline{A}\,\overline{B}C} + \overline{\overline{A}B\overline{C}} + \overline{A\overline{B}\,\overline{C}} + \overline{ABC}$$

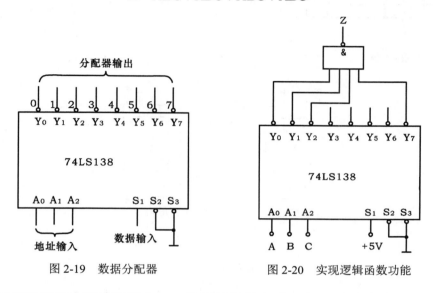

图 2-19　数据分配器　　　　　　　图 2-20　实现逻辑函数功能

利用使能端能方便地用两个 3-8 线译码器组合成一个 4-16 线译码器，如图 2-21 所示。

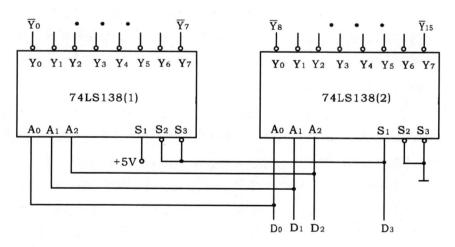

图 2-21　用两个 3-8 线译码器组合成一个 4-16 线译码器

2）数码显示译码器

（1）七段 LED 数码管。

LED 数码管是目前最常用的数字显示器之一，图 2-22（a）、（b）所示分别为共阴极

LED 数码管电路（"1"电平驱动）、共阳极 LED 数码管电路（"0"电平驱动），图 2-22（c）所示为两种不同出线形式的引脚功能图。

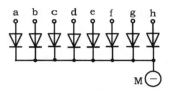

（a）共阴极LED数码管电路（"1"电平驱动）

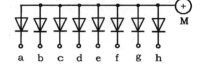

（b）共阳极LED数码管电路（"0"电平驱动）

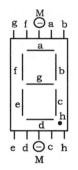

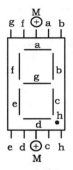

（c）两种不同出线形式的引脚功能图

图 2-22　LED 数码管

一个 LED 数码管可用来显示一位十进制数（0～9）和一个小数点。小型 LED 数码管（0.5in 和 0.36in）每段 LED 的正向压降随显示光的颜色（通常为红、绿、黄、橙色）不同略有差别，通常为 2～2.5V，每个 LED 的点亮电流为 5～10mA。LED 数码管要显示由 BCD 码所表示的十进制数需要一个专门的译码器，该译码器不但要完成译码功能，还要有相当的驱动能力。

（2）BCD 码七段译码/驱动器。

此类译码/驱动器型号有 74LS47（共阳极）、74LS48（共阴极）、CC4511（共阴极）等，本实验采用 CC4511 BCD 码锁存/七段译码/驱动器，驱动共阴极 LED 数码管。

CC4511 的引脚排列如图 2-23 所示。其中，A、B、C、D 为 BCD 码输入端；a、b、c、d、e、f、g 为译码输出端，输出"1"有效，用来驱动共阴极 LED 数码管；$\overline{\text{LT}}$ 为测试输入端，当 $\overline{\text{LT}}$ = "0"时，译码输出全为"1"；$\overline{\text{BI}}$ 为消隐输入端，当 $\overline{\text{BI}}$ = "0"时，译码输出全为"0"；LE 为锁定端，当 LE= "1"时，译码器处于锁定（保持）状态，译码输出保持 LE=0 时的数值，LE=0 为正常译码。

表 2-14 所示为 CC4511 的功能表。CC4511 内接上拉电阻，故只需在输出端与共阴极 LED 数码管笔段之间串入限流电阻即可工作。译码器还有拒伪码功能，当输入码超过 1001 时，译码输出全为"0"，LED 数码管熄灭。

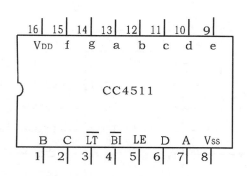

图 2-23　CC4511 的引脚排列

表 2-14　CC4511 的功能表

输　　　入							输　　　出							
LE	$\overline{BI}$	$\overline{LT}$	D	C	B	A	a	b	c	d	e	f	g	显示字形
×	×	0	×	×	×	×	1	1	1	1	1	1	1	8
×	0	1	×	×	×	×	0	0	0	0	0	0	0	消隐
0	1	1	0	0	0	0	1	1	1	1	1	1	0	0
0	1	1	0	0	0	1	0	1	1	0	0	0	0	1
0	1	1	0	0	1	0	1	1	0	1	1	0	1	2
0	1	1	0	0	1	1	1	1	1	1	0	0	1	3
0	1	1	0	1	0	0	0	1	1	0	0	1	1	4
0	1	1	0	1	0	1	1	0	1	1	0	1	1	5
0	1	1	0	1	1	0	0	0	1	1	1	1	1	6
0	1	1	0	1	1	1	1	1	1	0	0	0	0	7
0	1	1	1	0	0	0	1	1	1	1	1	1	1	8
0	1	1	1	0	0	1	1	1	1	1	0	1	1	9
0	1	1	1	0	1	0	0	0	0	0	0	0	0	消隐
0	1	1	1	0	1	1	0	0	0	0	0	0	0	消隐
0	1	1	1	1	0	0	0	0	0	0	0	0	0	消隐
0	1	1	1	1	0	1	0	0	0	0	0	0	0	消隐
0	1	1	1	1	1	0	0	0	0	0	0	0	0	消隐
0	1	1	1	1	1	1	0	0	0	0	0	0	0	消隐
1	1	1	×	×	×	×	锁　　　存							锁存

在实验装置上已完成了 CC4511 和 LED 数码管的连接。在实验时，只要接通+5V 直流电源并将十进制数的 BCD 码接至译码器的相应输入端 A、B、C、D，即可显示 0～9 的数字。4 位 LED 数码管可接收 4 组 BCD 码输入。CC4511 和 LED 数码管的连接如

图 2-24 所示。

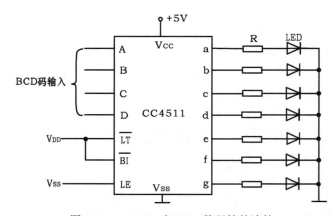

图 2-24　CC4511 和 LED 数码管的连接

3. 实验仪器与元器件

（1）+5V 直流电源。

（2）双踪示波器。

（3）连续脉冲源。

（4）逻辑电平开关。

（5）逻辑电平显示器。

（6）拨码开关组。

（7）译码显示器。

（8）74LS138×2、74LS20 和 CC4511。

4. 实验内容

1）拨码开关组的使用

将实验装置上的 4 组拨码开关的输出端 A_i、B_i、C_i、D_i 分别接至 CC4511 的对应输入端，LE、$\overline{BI}$、$\overline{LT}$ 接至 3 个逻辑电平开关的输出端，接上+5V 直流电源，然后按表 2-14 中的输入要求拨动 4 个数码的增减键（"+"键与"－"键）并操作与 LE、$\overline{BI}$、$\overline{LT}$ 对应的 3 个逻辑电平开关，观测拨码盘上的 4 位数与 LED 数码管显示的对应数字是否一致，以及译码显示是否正常。

2）74LS138 的逻辑功能测试

将 74LS138 使能端 S_1、$\overline{S_2}$、$\overline{S_3}$ 及地址输入端 A_2、A_1、A_0 分别接至逻辑电平开关的输出端，8 个译码输出端 $\overline{Y_0} \sim \overline{Y_7}$ 依次连接至逻辑电平显示器的 8 个输入端，拨动逻辑电平

开关，按表 2-13 逐项测试 74LS138 的逻辑功能。

3）用 74LS138 构成时序脉冲分配器

由图 2-19 和实验原理说明可知，CP 脉冲频率约为 10kHz，要求译码输出端 $\overline{Y}_0 \sim \overline{Y}_7$ 的信号与 CP 输入信号同相。

画出时序脉冲分配器的实验电路，用示波器观察和记录当地址输入端 A_2、A_1、A_0 分别取 000～111 共 8 种不同状态时 $\overline{Y}_0 \sim \overline{Y}_7$ 端的输出波形，注意输出波形与 CP 输入波形之间的相位关系。

4）用两个 74LS138 组合成 4-16 线译码器并进行实验

5. 实验预习要求

（1）复习有关译码器和时序脉冲分配器的实验原理。

（2）根据实验任务，画出所需的实验电路原理图并绘制记录表格。

6. 注意事项

（1）在接插集成电路时，要认清定位标记，不得插反。

（2）电源电压的使用范围为 4.5～5.5V，实验中要求使用+5V 直流电源。电源极性绝对不允许接反。

（3）输出端不允许并联使用（集电极开路门和三态输出门电路除外），否则不仅会使电路逻辑功能混乱，还会导致器件损坏。

（4）输出端不允许直接接地或直接接+5V 直流电源，否则将损坏器件，有时为了使后级电路获得较高的输出电平，允许输出端通过电阻接至电源，一般电阻值取 3～5.1kΩ。

7. 思考题

（1）为什么 74LS138 既可以用作 3-8 线译码器，又可以用作 1-8 线数据分配器？用数据选择器和译码器设计一个 16 路的数据传输系统，画出逻辑电路图。

（2）常用的数码显示器件有哪些？分述其中 LED 和液晶显示原理。

8. 实验报告

（1）画出实验电路原理图，把观察到的波形画在坐标纸上，并标上对应的地址码。

（2）对实验结果进行分析、讨论。

2.4   触发器及其应用实验

1．实验目的

（1）掌握基本 RS 触发器、JK 触发器、D 触发器和 T 触发器的逻辑功能。

（2）掌握集成触发器的逻辑功能及使用方法。

（3）掌握触发器之间相互转换的方法。

2．实验原理

触发器具有两个稳定状态，用以表示逻辑状态"1"和"0"，在一定外界信号的作用下，可以从一个稳定状态翻转到另一个稳定状态。触发器是一种具有记忆功能的二进制信息存储器件，是构成各种时序电路的基本逻辑单元。

1）基本 RS 触发器

由两个与非门交叉耦合构成的基本 RS 触发器如图 2-25 所示，该基本 RS 触发器是无时钟控制低电平直接触发的触发器。与非门的引脚排列如图 2-26 所示。基本 RS 触发器具有置"0"、置"1"和"保持"三种功能。通常称 $\overline{S}$ 为置"1"端，因为当 $\overline{S}$ =0（$\overline{R}$ =1）时，基本 RS 触发器被置"1"；$\overline{R}$ 为置"0"端，因为当 $\overline{R}$ =0（$\overline{S}$ =1）时，基本 RS 触发器被置"0"。当 $\overline{S}$ = $\overline{R}$ =1 时，基本 RS 触发器状态保持；当 $\overline{S}$ = $\overline{R}$ =0 时，基本 RS 触发器状态不定，应避免此种情况发生。表 2-15 所示为基本 RS 触发器的功能表。基本 RS 触发器也可以用两个或非门组成，此时高电平触发有效。

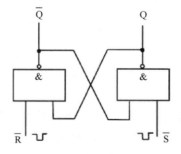

图 2-25   由两个与非门交叉耦合构成的基本 RS 触发器

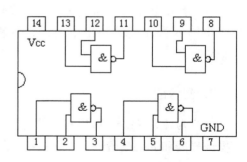

图 2-26   与非门的引脚排列

表 2-15   基本 RS 触发器的功能表

输 入		输 出	
$\overline{S}$	$\overline{R}$	Q^{n+1}	$\overline{Q}^{n+1}$
0	1	1	0
1	0	0	1

续表

输　入		输　出	
$\bar{S}$	$\bar{R}$	Q^{n+1}	$\bar{Q}^{n+1}$
1	1	Q^n	$\bar{Q}^n$
0	0	φ	φ

2）JK 触发器

在输入信号为双端输入的情况下，JK 触发器是功能完善、使用灵活和通用性较强的一种触发器。本实验采用双 JK 触发器 74LS112，该触发器是下降沿触发的边沿触发器。74LS112 的引脚排列及逻辑符号如图 2-27 所示。

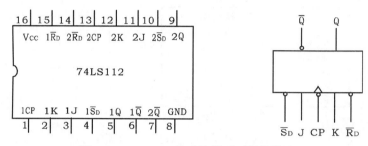

图 2-27　74LS112 的引脚排列及逻辑符号

JK 触发器的状态方程为

$$Q^{n+1} = J\bar{Q}^n + \bar{K}Q^n$$

J 和 K 是数据输入端，是 JK 触发器状态更新的依据，若 JK 触发器有两个或两个以上数据输入端，则组成"与"的关系。Q 与 $\bar{Q}$ 为两个互补输出端。通常把 Q=0、$\bar{Q}$=1 的状态定为 JK 触发器"0"状态，而把 Q=1、$\bar{Q}$=0 的状态定为 JK 触发器"1"状态。

JK 触发器的功能表如表 2-16 所示。

表 2-16　JK 触发器的功能表

输　入					输　出	
$\bar{S}_D$	$\bar{R}_D$	CP	J	K	Q^{n+1}	$\bar{Q}^{n+1}$
0	1	×	×	×	1	0
1	0	×	×	×	0	1
0	0	×	×	×	φ	φ
1	1	↓	0	0	Q^n	$\bar{Q}^n$
1	1	↓	1	0	1	0
1	1	↓	0	1	0	1
1	1	↓	1	1	$\bar{Q}^n$	Q^n
1	1	↑	×	×	Q^n	$\bar{Q}^n$

注：×表示任意态；↓表示由高电平到低电平跳变；↑表示由低电平到高电平跳变；Q^n（$\bar{Q}^n$）表示现态；Q^{n+1}（$\bar{Q}^{n+1}$）表示次态；φ表示不定态。

JK 触发器常被用作缓冲存储器、移位寄存器和计数器。

3）D 触发器

在输入信号为单端输入的情况下，D 触发器用起来最为方便。D 触发器的状态方程为 $Q^{n+1}=D^n$，其输出状态的更新发生在 CP 脉冲的上升沿，故为上升沿触发的边沿触发器。D 触发器的状态只取决于 CP 脉冲到来前 D 端的状态。D 触发器的应用很广，可用于数字信号的寄存、移位寄存、分频和波形发生等。有很多种型号的 D 触发器可供选用，如双 D 触发器 74LS74、四 D 触发器 74LS175、六 D 触发器 74LS174 等。

74LS74 的引脚排列及逻辑符号如图 2-28 所示，其功能表如表 2-17 所示。

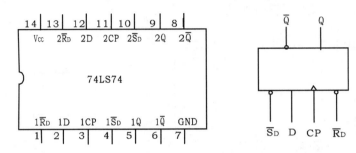

图 2-28　74LS74 的引脚排列及逻辑符号

表 2-17　74LS74 的功能表

输　　入				输　　出	
$\bar{S}_D$	$\bar{R}_D$	CP	D	Q^{n+1}	$\bar{Q}^{n+1}$
0	1	×	×	1	0
1	0	×	×	0	1
0	0	×	×	ϕ	ϕ
1	1	↑	1	1	0
1	1	↑	0	0	1
1	1	↓	×	Q^n	$\bar{Q}^n$

4）触发器之间的相互转换

在集成触发器产品中，每种触发器都能实现固定的逻辑功能。可以利用转换的方法获得能实现其他逻辑功能的触发器。例如，将 JK 触发器的 J、K 两端连在一起，并将其命名为 T 端，就得到 T 触发器，如图 2-29（a）所示，其状态方程为 $Q^{n+1} = T\bar{Q}^n + \bar{T}Q^n$。

T 触发器的功能表如表 2-18 所示。

表 2-18　T 触发器的功能表

输　　入				输　　出
$\bar{S}_D$	$\bar{R}_D$	CP	T	Q^{n+1}
0	1	×	×	1

续表

输　　入				输　　出
$\overline{S}_D$	$\overline{R}_D$	CP	T	Q^{n+1}
1	0	×	×	0
1	1	↓	0	Q^n
1	1	↓	1	$\overline{Q}^n$

由表 2-18 可见，当 T=0 时，CP 脉冲作用后，T 触发器的状态保持不变；当 T=1 时，CP 脉冲作用后，T 触发器的状态翻转。所以，若将 T 触发器的 T 端置"1"，如图 2-29（b）所示，则可得 T′触发器。在 T′触发器的 CP 端每来一个 CP 脉冲信号，T′触发器的状态就翻转一次，故该触发器又被称为反转触发器，广泛应用于计数电路。

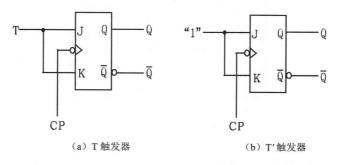

（a）T 触发器　　　　　　（b）T′触发器

图 2-29　JK 触发器转换为 T 触发器、T′触发器

同样地，将 D 触发器的 $\overline{Q}$ 端与 D 端相连，也可转换成 T′触发器，如图 2-30 所示。

JK 触发器也可转换成 D 触发器，如图 2-31 所示。

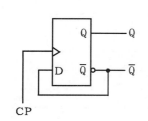

图 2-30　D 触发器转换成 T′触发器

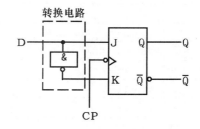

图 2-31　JK 触发器转换成 D 触发器

5）CMOS 触发器

（1）CMOS 边沿型 D 触发器。

CC4013 是由 CMOS 传输门构成的边沿型 D 触发器，为上升沿触发的双 D 触发器。CC4013 的功能表如表 2-19 所示，其引脚排列如图 2-32 所示。

表 2-19　CC4013 的功能表

输　　入				输　　出
S	R	CP	D	Q^{n+1}
1	0	×	×	1
0	1	×	×	0
1	1	×	×	φ
0	0	↑	1	1
0	0	↑	0	0
0	0	↓	×	Q^n

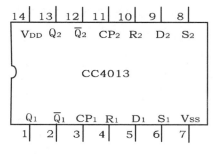

图 2-32　CC4013 的引脚排列

（2）CMOS 边沿型 JK 触发器。

CC4027 是由 CMOS 传输门构成的边沿型 JK 触发器，为上升沿触发的双 JK 触发器。CC4027 的功能表如表 2-20 所示，其引脚排列如图 2-33 所示。

表 2-20　CC4027 的功能表

输　　入					输　　出
S	R	CP	J	K	Q^{n+1}
1	0	×	×	×	1
0	1	×	×	×	0
1	1	×	×	×	φ
0	0	↑	0	0	Q^n
0	0	↑	1	0	1
0	0	↑	0	1	0
0	0	↑	1	1	$\overline{Q}^n$
0	0	↓	×	×	Q^n

CMOS 触发器的直接置位、复位输入端 S、R 高电平有效，当 S=1（或 R=1）时，CMOS 触发器将不受其他输入端所处状态的影响，直接置 1（或置 0）。但直接置位、复位输入端 S、R 必须遵守 RS=0 的约束条件。CMOS 触发器在按逻辑功能工作时，S、R 端必须均置 0。

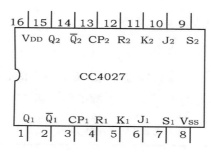

图 2-33　CC4027 的引脚排列

3．实验仪器与元器件

（1）+5V 直流电源。

（2）双踪示波器。

（3）连续脉冲源。

（4）单次脉冲源。

（5）逻辑电平开关。

（6）逻辑电平显示器。

（7）74LS112（或 CC4027）、74LS00（或 CC4011）和 74LS74（或 CC4013）。

4．实验内容

1）测试基本 RS 触发器的逻辑功能

按图 2-25 接线，用两个与非门组成基本 RS 触发器，输入端 $\overline{R}$、$\overline{S}$ 接逻辑电平开关的输出端，输出端 Q、$\overline{Q}$ 接逻辑电平显示器的输入端，按表 2-21 进行测试并记录数据。

表 2-21　数据记录表 5

$\overline{R}$	$\overline{S}$	Q	$\overline{Q}$
0	1		
1	0		
1	1		
0	0		

2）测试双 JK 触发器 74LS112 的逻辑功能

（1）测试 $\overline{R}_D$、$\overline{S}_D$ 的复位、置位功能。

任取一个 JK 触发器，$\overline{R}_D$、$\overline{S}_D$、J、K 端接逻辑电平开关输出端，CP 端接单次脉冲源，Q、$\overline{Q}$ 端接逻辑电平显示器输入端。要求改变 $\overline{R}_D$、$\overline{S}_D$ 端（J、K 和 CP 端处于任意状态）的状态，并在 $\overline{R}_D$ =0（$\overline{S}_D$ =1）或 $\overline{S}_D$ =0（$\overline{R}_D$ =1）期间任意改变 J、K 和 CP 端的状态，

观察 Q、$\overline{Q}$ 端的状态。自拟表格并记录数据。

（2）测试 JK 触发器的逻辑功能。

按表 2-22 改变 J、K 和 CP 端的状态，观察 Q、$\overline{Q}$ 端的状态变化，观察 JK 触发器的状态更新是否发生在 CP 脉冲的下降沿（CP 端的状态由 1 变为 0），记录数据。

表 2-22　数据记录表 6

J	K	CP	Q^{n+1}	
			$Q^n=0$	$Q^n=1$
0	0	↑		
		↓		
0	1	↑		
		↓		
1	0	↑		
		↓		
1	1	↑		
		↓		

（3）将 JK 触发器的 J、K 端连在一起，构成 T 触发器。

在 CP 端输入 1Hz 的连续脉冲，观察 Q 端的状态变化。在 CP 端输入 1kHz 的连续脉冲，用双踪示波器观察 CP、Q、$\overline{Q}$ 端波形，注意其相位关系，并描绘该波形。

3）测试双 D 触发器 74LS74 的逻辑功能

（1）测试 $\overline{R}_D$、$\overline{S}_D$ 端的复位、置位功能。

测试方法同实验内容 2）中的步骤（1），自拟表格并记录数据。

（2）测试逻辑功能。

按表 2-23 进行测试，观察 74LS74 的状态更新是否发生在 CP 脉冲的上升沿（CP 端的状态由 0 变为 1），记录数据。

表 2-23　数据记录表 7

D	CP	Q^{n+1}	
		$Q^n=0$	$Q^n=0$
0	↑		
	↓		
1	↑		
	↓		

（3）将 74LS74 的 $\overline{Q}$ 端与 D 端相连，构成 T′触发器。

测试方法同实验内容 2）中的步骤（3），自拟表格并记录数据。

4）双相时钟脉冲电路

用 JK 触发器及与非门构成双相时钟脉冲电路，如图 2-34 所示。此电路的作用是将时钟脉冲 CP 转换成两相时钟脉冲 CP_A 及 CP_B，其频率相同、相位不同。分析电路工作原理，并按图 2-34 接线，用双踪示波器同时观察 CP、CP_A 端，CP、CP_B 端，以及 CP_A、CP_B 端的波形，并描绘波形。

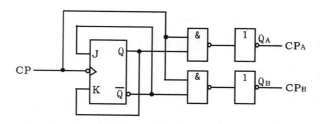

图 2-34 双相时钟脉冲电路

5）乒乓球练习电路

电路功能要求：模拟两名运动员在练球时乒乓球的往返运动情况。

提示：采用双 D 触发器 74LS74 设计实验电路，两个 CP 端触发脉冲分别由两名运动员操作，74LS74 的输出状态用逻辑电平显示器显示。

5．实验预习要求

（1）复习有关触发器的内容。

（2）列出各触发器功能测试表格。

（3）按实验内容 4）、5）的要求设计实验电路，拟定实验方案。

6．注意事项

（1）在接插集成电路时，要认清定位标记，不得插反。

（2）电源电压的使用范围为 4.5～5.5V，实验中要求使用+5V 直流电源。电源极性绝对不允许接反。

（3）输出端不允许并联使用（集电极开路门和三态输出门电路除外），否则不仅会使电路逻辑功能混乱，还会导致器件损坏。

（4）输出端不允许直接接地或直接接+5V 直流电源，否则将损坏器件，有时为了使后级电路获得较高的输出电平，允许输出端通过电阻接至电源，一般电阻值取 3～5.1kΩ。

（5）异步置 0、置 1 端，在复位或置位后正常使用时应接高电平。

7．思考题

（1）D 触发器和 JK 触发器的逻辑功能和触发方式有何不同？

（2）各类触发器是否都是当复位、置位端均为 1 时，才能正常工作？

8．实验报告

（1）列表整理各类触发器的逻辑功能。

（2）总结观察到的波形，说明触发器的触发方式。

（3）体会触发器的应用。

（4）利用普通的机械开关组成的数据开关所产生的信号是否可作为触发器的 CP 脉冲信号？为什么？是否可以用作触发器其他输入端的信号？为什么？

2.5　计数器及其应用实验

1．实验目的

（1）掌握用集成触发器构成计数器的方法。

（2）掌握中规模集成计数器的使用方法及其功能测试方法。

（3）掌握用集成计数器构成 $1/N$ 分频器的方法。

2．实验原理

计数器是一个用于实现计数功能的时序部件，不仅可用来对脉冲计数，还可用来实现数字系统的定时、分频和数字运算及其他特定的逻辑功能。

计数器的种类很多。按构成计数器的各触发器是否使用一个时钟脉冲源来分类，有同步计数器和异步计数器；按进位计数制的不同来分类，有二进制计数器、十进制计数器和任意进制计数器；按计数的增减趋势来分类，有加计数器、减计数器和可逆计数器。此外，还有可预置数计数器和可编程序功能计数器等。目前，无论是 TTL 集成门电路还是 CMOS 集成门电路，都有品种较齐全的中规模集成计数器。使用者只需借助器件手册中提供的功能表和工作波形图及引出端的排列，就能正确地运用这些器件。

1）用 D 触发器构成异步 4 位二进制加/减计数器

用 4 个 D 触发器构成异步 4 位二进制加计数器，如图 2-35 所示。它的连接特点是：将每个 D 触发器接成 T′ 触发器，将低位触发器的 $\overline{Q}$ 端和高一位触发器的 CP 端相连。

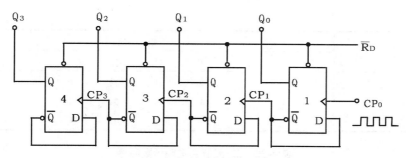

图 2-35 异步 4 位二进制加计数器

若将图 2-35 稍加改动，将低位触发器的 Q 端与高一位触发器的 CP 端相连，则构成了一个异步 4 位二进制减计数器。

2）中规模十进制计数器

常见的集成计数器有 4 位二进制加计数器（如 74LS161）、二-五-十混合进制加计数器（如 74LS90）等，利用集成计数器可以方便地构成任意（N）进制计数器。由 74LS90 的内部结构（见图 2-36）可以看出，它实际上是由一个二进制计数器和一个五进制计数器构成的，因此它有两个时钟脉冲输入端，还有门控复 0 输入端及门控置 9 输入端。为了使用 74LS90 的最大计数长度（十进制），须将其 Q_0 输出端连到 CP_B 输入端上。若将计数输入脉冲加到 CP_A 输入端上，则输出为 BCD 计数。BCD 计数时序如表 2-24 所示。若将 Q_3 输出端连到 CP_A 输入端上，则输出为二-五混合进制计数，二-五混合进制计数时序如表 2-25 所示。这时输入脉冲加在 CP_B 端，在 Q_0 端可以得到一个十分频的方波。

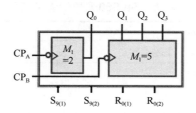

图 2-36 74LS90 的内部结构框图

表 2-24 BCD 计数时序

计数	输 出			
	Q_3	Q_2	Q_1	Q_0
0	0	0	0	0
1	0	0	0	1
2	0	0	1	0
3	0	0	1	1
4	0	1	0	0
5	0	1	0	1
6	0	1	1	0

续表

计数	输　出			
	Q_3	Q_2	Q_1	Q_0
7	0	1	1	1
8	1	0	0	0
9	1	0	0	1

表 2-25　二–五混合进制计数时序

计数	输　出			
	Q_0	Q_3	Q_2	Q_1
0	0	0	0	0
1	0	0	0	1
2	0	0	1	0
3	0	0	1	1
4	0	1	0	0
5	1	0	0	0
6	1	0	0	1
7	1	0	1	0
8	1	0	1	1
9	1	1	0	0

74LS90 复位/计数功能表如表 2-26 所示，74LS90 的引脚排列如图 2-37 所示。

表 2-26　74LS90 复位/计数功能表

复位输入端				输出端			
$R_{0(1)}$	$R_{0(2)}$	$R_{9(1)}$	$R_{9(2)}$	Q_3	Q_2	Q_1	Q_0
1	1	0	×	0	0	0	0
1	1	×	0	0	0	0	0
×	×	1	1	1	0	0	1
×	0	×	0	计数			
0	×	×	0	计数			
0	×	1	×	计数			
×	0	0	×	计数			

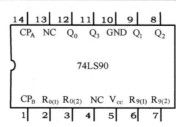

图 2-37　74LS90 的引脚排列

（1）多个十进制计数器级联使用。

同步计数器往往设有进位（或借位）输出端，故可选用进位（或借位）输出信号驱动下一级计数器。

把两个 74LS90 级联起来，如图 2-38 所示，利用 74LS90 的 Q_3 输出端控制高一位的 CP 端，就构成了 100 进制计数器。图 2-39 所示为同步计数器级联方案。CC4510 的引脚排列如图 2-40 所示，其功能表如表 2-27 所示。

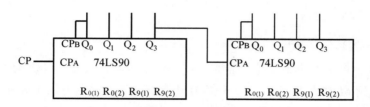

图 2-38　异步计数器级联方案

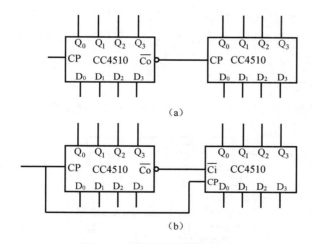

（a）

（b）

图 2-39　同步计数器级联方案

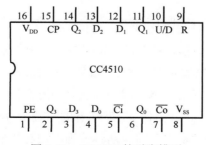

图 2-40　CC4510 的引脚排列

表 2-27 CC4510 的功能表

CP	$\overline{C_i}$	U/D	PE	R	功能
×	1	×	0	0	不计数
↑	0	1	0	0	加计数
↑	0	0	0	0	减计数
×	×	×	1	0	置数
×	×	×	×	1	复位

（2）任意进制计数器。

① 用复位法获得任意进制计数器。

假设已有一个 N 进制计数器，需要得到一个 M 进制计数器，只要 $M<N$，用复位法使计数器计数到 M 时置"0"就可以获得 M 进制计数器。这种方法主要利用了计数器清零端的清零作用，截取计数过程中的某个中间状态控制清零端，从而使计数器由此状态返回到零重新开始计数。采用这种方法可以把计数容量大的计数器改成计数容量小的计数器，其关键是，清零信号的选择与芯片的清零方式有关。异步清零方式以 N 作为清零信号或反馈识别码，其有效循环状态为 $0\sim N-1$；同步清零方式以 $N-1$ 作为反馈识别码，其有效循环状态为 $0\sim N-1$。此外，还要注意清零端的有效电平，以确定是用与门还是用与非门来引导。

图 2-41 所示为由十进制计数器 74LS90 接成的六进制计数器。

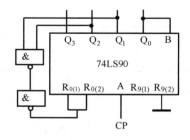

图 2-41 由十进制计数器 74LS90 接成的六进制计数器

② 利用置数功能获得任意进制计数器。

利用具有置数功能的计数器，截取从 Nb 到 Na 之间的 N 个有效状态可构成 N 进制计数器。其方法是，当计数器的状态循环到 Na 时，由 Na 构成的反馈识别码提供置数指令，由于事先将并行置数端置成了 Nb 状态，所以当置数指令到来时，计数器输出端被置成 Nb 状态，再来计数脉冲，计数器在 Nb 状态的基础上继续计数直至 Na 状态，又进行新一轮置数、计数。其关键是，反馈识别码的确定与芯片的置数方式有关。异步置数方式以 Na =Nb+N 作为反馈识别码，其有效循环状态为 Nb$\sim$Na；同步置数方式以 Na = Nb+N-1 作为反馈识别码，其有效循环状态为 Nb$\sim$Na。此外，还要注意置数端的有效电平，以确定是用与门还是用与非门来引导。

图 2-42 所示为特殊十二进制计数器电路。在数字钟里，对时位的计数序列是 1,2,…,11,12,1,…，该序列是十二进制的，且序列中无数字 0。如图 2-42 所示，当计数到 13 时，通过与非门产生一个复位信号，使 CC4510(2)（时十位）直接置成 0000，而 CC4510(1)（时个位）直接置成 0001，从而实现 1 到 12 计数。

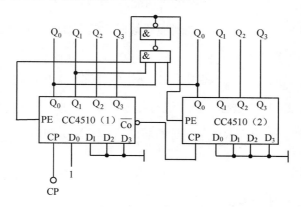

图 2-42　特殊十二进制计数器电路

3．实验仪器与元器件

（1）+5V 直流电源。

（2）双踪示波器。

（3）连续脉冲源。

（4）单次脉冲源。

（5）逻辑电平开关。

（6）0-1 指示器。

（7）译码显示器。

（8）74LS74×2、74LS90×2、CC4510×2、74LS00 和 74LS20。

4．实验内容

（1）用 CC4013 或 74LS74 构成异步 4 位二进制加/减计数器。

① 按图 2-35 接线，$\overline{R}_D$ 端接逻辑电平开关输出端，低位 CP_0 端接单次脉冲源，输出端 Q_3、Q_2、Q_3、Q_0 接 0-1 指示器输入端，各 $\overline{S}_D$ 端接高电平"1"。

② 清零后，逐个送入单次脉冲，观察并列表记录 Q_3、Q_2、Q_1、Q_0 的状态。

③ 将单次脉冲改为 1Hz 的连续脉冲，观察并列表记录 Q_3、Q_2、Q_1、Q_0 的状态。

④ 将 1Hz 的连续脉冲改为 1kHz 的连续脉冲，用双踪示波器观察 CP、Q_3、Q_2、Q_1、

Q_0 端波形，并描绘波形。

⑤ 将图 2-35 中的低位触发器的 Q 端与高一位触发器的 CP 端相连，构成减计数器，按上述步骤②、③、④进行实验，观察并列表记录 Q_3、Q_2、Q_1、Q_0 的状态。

（2）测试十进制计数器 74LS90 的逻辑功能。

（3）用两个 74LS90 组成两位十进制加计数器，输入 1Hz 的连续计数脉冲，进行由 00 到 99 累加计数并进行记录。

（4）从图 2-38、图 2-39（a）和图 2-39（b）中任选一个电路进行实验并进行记录。

（5）按图 2-41、图 2-42 进行实验并进行记录。

（6）设计一个数字钟秒位六十进制计数器，进行实验并进行记录。

5. 实验预习要求

（1）复习有关计数器的内容。

（2）绘出各实验内容的详细电路原理图。

（3）绘制各实验内容所需的测试记录表格。

（4）查手册，熟悉实验所用各集成电路的引脚排列。

6. 注意事项

（1）在接插集成电路时，要认清定位标记，不得插反。

（2）电源电压的使用范围为 4.5～5.5V，实验中要求使用+5V 直流电源。电源极性绝对不允许接反。

（3）输出端不允许并联使用（集电极开路门和三态输出门电路除外），否则不仅会使电路逻辑功能混乱，还会导致器件损坏。

（4）输出端不允许直接接地或直接接+5V 直流电源，否则将损坏器件，有时为了使后级电路获得较高的输出电平，允许输出端通过电阻接至电源，一般电阻值取 3～5.1kΩ。

（5）注意级联芯片实现多位计数功能时芯片之间的连接关系。

7. 思考题

（1）在采用中规模集成计数器构成 N 进制计数器时，常采用哪两种方法？两者有何区别？

（2）只用一个 74LS90（不用与非门）如何构成六进制计数器？

8．实验报告

（1）画出实验电路原理图，记录、整理实验现象及实验所得的有关波形，对实验结果进行分析。

（2）总结使用集成计数器的体会。

2.6　移位寄存器及其应用实验

1．实验目的

（1）掌握中规模 4 位双向移位寄存器的逻辑功能及使用方法。

（2）熟悉移位寄存器的应用——构成环形计数器和实现数据的串行/并行转换、并行/串行转换。

2．实验原理

（1）移位寄存器是一个具有移位功能的寄存器，移位寄存器中所存的代码能够在移位脉冲的作用下依次左移或右移。既能实现代码左移，又能实现代码右移的移位寄存器被称为双向移位寄存器，只需改变左移、右移的控制信号便可实现双向移位要求。根据存取信息的方式不同，移位寄存器可分为串入串出、串入并出、并入串出、并入并出 4 种形式。

本实验选用的 4 位双向移位寄存器型号为 74LS194 或 CC40194，两者功能相同，可互换使用。74LS194 的逻辑符号及引脚排列如图 2-43 所示。其中，D_0、D_1、D_2、D_3 为并行输入端；Q_0、Q_1、Q_2、Q_3 为并行输出端；S_R 为右移串行输入端，S_L 为左移串行输入端；S_1、S_0 为操作模式控制端；$\overline{C}_R$ 为直接无条件清零端；CP 为时钟脉冲输入端。

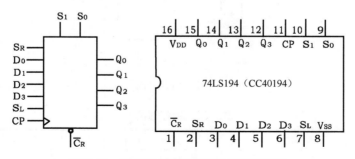

图 2-43　74LS194 的逻辑符号及引脚排列

74LS194 有 5 种操作模式：并行送数寄存，右移（方向为 $Q_0 \rightarrow Q_3$），左移（方向为 $Q_3 \rightarrow Q_0$），保持，清零。

74LS194 的功能表如表 2-28 所示。

表 2-28　74LS194 的功能表

功能	输　入									输　出			
	CP	$\overline{C}_R$	S_1	S_0	S_R	S_L	D_0	D_1	D_2	D_3	Q_0	Q_1	Q_2	Q_3
清除	×	0	×	×	×	×	×	×	×	×	0	0	0	0
送数	↑	1	1	1	×	×	a	b	c	d	a	b	c	d
右移	↑	1	0	1	D_{SR}	×	×	×	×	×	D_{SR}	Q_0	Q_1	Q_2
左移	↑	1	1	0	×	D_{SL}	×	×	×	×	Q_1	Q_2	Q_3	D_{SL}
保持	↑	1	0	0	×	×	×	×	×	×	Q_0^n	Q_1^n	Q_2^n	Q_3^n
保持	↓	1	×	×	×	×	×	×	×	×	Q_0^n	Q_1^n	Q_2^n	Q_3^n

（2）移位寄存器的应用范围很广，可用于构成移位寄存器型计数器、顺序脉冲发生器、串行累加器，还可用于进行数据转换，即把串行数据转换为并行数据或把并行数据转换为串行数据等。本实验主要研究移位寄存器用于构成环形计数器和实现数据的串行/并行转换、并行/串行转换的功能。

① 构成环形计数器。

把移位寄存器的输出反馈到它的串行输入端，就可以进行循环移位。如图 2-44 所示，把输出端 Q_3 和右移串行输入端 S_R 相连，设初始状态为 $Q_0Q_1Q_2Q_3=1000$，在时钟脉冲作用下 $Q_0Q_1Q_2Q_3$ 将依次变为 0100→0010→0001→1000→……。顺序移位表如表 2-29 所示。由此可见，该移位寄存器构成一个具有 4 个有效状态的计数器，这种计数器通常被称为环形计数器。图 2-44 所示的电路可以由各个并行输出端输出在时间上有先后顺序的脉冲，因此也可作为顺序脉冲发生器。

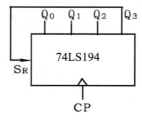

图 2-44　环形计数器

表 2-29　顺序移位表

CP	Q_0	Q_1	Q_2	Q_3
0	1	0	0	0
1	0	1	0	0
2	0	0	1	0
3	0	0	0	1

如果将输出端 Q_0 与左移串行输入端 S_L 相连，则可实现循环左移。

② 实现数据的串行/并行转换、并行/串行转换。

a．串行/并行转换器。

串行/并行转换是指串行输入的数码，经转换电路之后并行输出。

图 2-45 所示为用两个 74LS194 构成的 7 位串行/并行转换器。其中，S_0 端接高电平 "1"，S_1 端受 Q_7 端的控制，两个 74LS194 连接成右移串行输入工作模式。Q_7 是转换结束标志。当 $Q_7=1$ 时，S_1 为 0，使串行/并行转换器为 $S_1S_0=01$ 的右移串行输入工作模式，当 $Q_7=0$ 时，$S_1=1$，有 $S_1S_0=10$，说明串行输入结束，标志着串行输入的数码已转换成并行输出了。

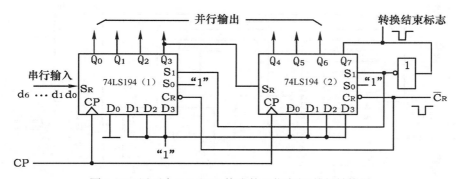

图 2-45 用两个 74LS194 构成的 7 位串行/并行转换器

串行/并行转换的具体过程如下。

转换前，$\overline{C}_R$ 端加低电平，使两个移位寄存器清零，此时 $S_1S_0=11$，移位寄存器执行并行输入操作。当第一个 CP 脉冲到来后，移位寄存器的输出状态 $Q_0\sim Q_7$ 为 01111111，与此同时，S_1S_0 变为 01，串行/并行转换器为串行输入右移工作模式，串行输入数码由 74LS194（1）的 S_R 端加入。随着 CP 脉冲的依次加入，输出状态的变化如表 2-30 所示。

表 2-30　输出状态的变化

CP	Q_0	Q_1	Q_2	Q_3	Q_4	Q_5	Q_6	Q_7	说明
0	0	0	0	0	0	0	0	0	清零
1	0	1	1	1	1	1	1	1	送数
2	D_0	0	1	1	1	1	1	1	
3	D_1	D_0	0	1	1	1	1	1	
4	D_2	D_1	D_0	0	1	1	1	1	执行
5	D_3	D_2	D_1	D_0	0	1	1	1	右移
6	D_4	D_3	D_2	D_1	D_0	0	1	1	操作
7	D_5	D_4	D_3	D_2	D_1	D_0	0	1	7 次
8	D_6	D_5	D_4	D_3	D_2	D_1	D_0	0	
9	0	1	1	1	1	1	1	1	送数

由表 2-30 可见，执行右移操作 7 次后，Q_7 变为 0，S_1S_0 又变为 11，说明串行输入结束。这时，串行输入的数码已经转换成并行输出了。

当再来一个 CP 脉冲时，串行/并行转换器又执行一次并行输入，为第二组串行数码转换做好准备。

b．并行/串行转换器。

并行/串行转换是指并行输入的数码，经转换电路之后串行输出。

图 2-46 所示为由两个 74LS194 构成的 7 位并行/串行转换器，它比图 2-45 多了两个与非门 G_1 和 G_2，工作方式同样为右移。

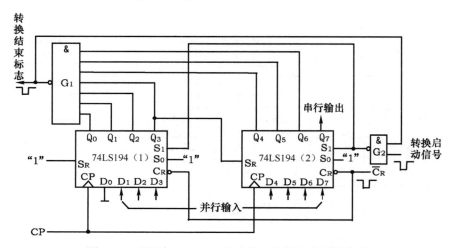

图 2-46　由两个 74LS194 构成的 7 位并行/串行转换器

移位寄存器清零后，加一个转换启动信号（负脉冲或低电平）。此时，由于 S_1S_0 为 11，并行/串行转换器执行并行输入操作。当第一个 CP 脉冲到来时，$Q_0Q_1Q_2Q_3Q_4Q_5Q_6Q_7$ 的状态为 $0D_1D_2D_3D_4D_5D_6D_7$，并行输入的数码存入移位寄存器。从而使得 G_1 的输出为 1，G_2 的输出为 0，结果 S_1S_2 变为 01。并行/串行转换器随着 CP 脉冲的加入，开始执行右移串行输出操作，随着 CP 脉冲的依次加入，输出状态依次右移，执行右移操作 7 次后，$Q_0 \sim Q_6$ 的状态都为高电平 1，G_1 的输出为低电平，G_2 的输出为高电平，S_1S_2 又变为 11，表示并行/串行转换结束，并且为第二次并行输入做好了准备。转换过程如表 2-31 所示。

表 2-31　转换过程

CP	Q_0	Q_1	Q_2	Q_3	Q_4	Q_5	Q_6	Q_7	串　行　输　出		
0	0	0	0	0	0	0	0	0			
1	0	D_1	D_2	D_3	D_4	D_5	D_6	D_7			
2	1	0	D_1	D_2	D_3	D_4	D_5	D_6	D_7		
3	1	1	0	D_1	D_2	D_3	D_4	D_5	D_6	D_7	

续表

CP	Q_0	Q_1	Q_2	Q_3	Q_4	Q_5	Q_6	Q_7	串 行 输 出
4	1	1	1	0	D_1	D_2	D_3	D_4	D_5 D_6 D_7
5	1	1	1	1	0	D_1	D_2	D_3	D_4 D_5 D_6 D_7
6	1	1	1	1	1	0	D_1	D_2	D_3 D_4 D_5 D_6 D_7
7	1	1	1	1	1	1	0	D_1	D_2 D_3 D_4 D_5 D_6 D_7
8	1	1	1	1	1	1	1	0	D_1 D_2 D_3 D_4 D_5 D_6 D_7
9	0	D_1	D_2	D_3	D_4	D_5	D_6	D_7	

中规模集成移位寄存器以 4 位的居多，当需要的位数多于 4 位时，可采用几个移位寄存器级联的方法来扩展位数。

3．实验仪器与元器件

（1）+5V 直流电源。

（2）单次脉冲源。

（3）逻辑电平开关。

（4）逻辑电平显示器。

（5）74LS194×2（CC40194）、74LS00（CC4011）和 74LS30（CC4068）。

4．实验内容

1）测试 74LS194（或 CC40194）的逻辑功能

按图 2-47 接线，$\overline{C}_R$、S_1、S_0、S_L、S_R、D_0、D_1、D_2、D_3 分别接逻辑电平开关的输出端；Q_0、Q_1、Q_2、Q_3 接逻辑电平显示器的输入端；CP 端接单次脉冲源。按表 2-32 所规定的输入状态，逐项进行测试。

表 2-32　74LS194 的逻辑功能测试表

$\overline{C}_R$	S_1	S_0	CP	S_L	S_R	D_0 D_1 D_2 D_3	Q_0 Q_1 Q_2 Q_3	功 能 总 结
0	×	×	×	×	×	× × × ×		
1	1	1	↑	×	×	a b c d		
1	0	1	↑	×	0	× × × ×		
1	0	1	↑	×	1	× × × ×		
1	0	1	↑	×	0	× × × ×		
1	0	1	↑	×	0	× × × ×		
1	1	0	↑	1	×	× × × ×		
1	1	0	↑	1	×	× × × ×		
1	1	0	↑	1	×	× × × ×		
1	1	0	↑	1	×	× × × ×		
1	0	0	↑	×	×	× × × ×		

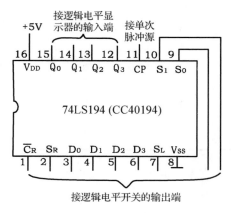

图 2-47   74LS194 逻辑功能测试

（1）清除：令 $\overline{C}_R$ =0，其他输入均为任意态，这时 Q_0、Q_1、Q_2、Q_3 应均为 0。清除后，置 $\overline{C}_R$ =1。

（2）送数：令 $\overline{C}_R$ =S_1=S_0=1，送入任意 4 位二进制数，如 $D_0D_1D_2D_3$=abcd，加 CP 脉冲，观察在 CP=0、CP 由 0 变为 1、CP 由 1 变为 0 三种情况下移位寄存器输出状态的变化，观察移位寄存器输出状态变化是否发生在 CP 脉冲的上升沿。

（3）右移：清零后，令 $\overline{C}_R$ =1，S_1=0，S_0=1，由 S_R 端送入二进制数，如 0100，由 CP 端连续加 4 个脉冲，观察输出情况并进行记录。

（4）左移：先清零或预置数，再令 $\overline{C}_R$ =1，S_1=1，S_0=0，由 S_L 端送入二进制数，如 1111，连续加 4 个 CP 脉冲，观察输出情况并进行记录。

（5）保持：移位寄存器预置任意 4 位二进制数，如 abcd，令 $\overline{C}_R$ =1，S_1=S_0=0，加 CP 脉冲，观察输出情况并进行记录。

2）环形计数器

自拟实验电路，首先用并行送数法预置移位寄存器为某二进制数码（如 0100），然后进行右移循环，观察移位寄存器输出状态的变化，并将数据记入表 2-33。

表 2-33   环形计数器数据记录表

CP	Q_0	Q_1	Q_2	Q_3
0	0	1	0	0
1				
2				
3				
4				

3）实现数据的串行/并行、并行/串行转换

（1）串行/并行转换。

按图 2-45 接线，进行右移串行输入、并行输出实验，串行输入数码自己拟定；改接线路，用左移方式实现串行输入、并行输出。自拟实验所需的表格并记录数据。

（2）并行/串行转换。

按图 2-46 接线，进行右移并行输入、串行输出实验，并行输入数码自己拟定；改接线路，用左移方式实现并行输入、串行输出。自拟实验所需的表格并记录数据。

5．实验预习要求

（1）复习有关移位寄存器及串行/并行、并行/串行转换的内容。

（2）查阅 74LS194、74LS00 及 74LS30 的逻辑电路，熟悉其逻辑功能及引脚排列。

（3）在对 74LS194 进行送数后，若要使输出端输出另外的数码，是否一定要使移位寄存器清零？

（4）使移位寄存器清零，除采用 $\overline{C}_R$ 端输入低电平的方法以外，可否采用右移或左移的方法？可否使用并行送数法？若可行，如何进行操作？

（5）若进行循环左移，应如何对图 2-46 进行改接？

（6）画出用两个 74LS194 构成的 7 位左移串行/并行转换器电路原理图。

（7）画出用两个 74LS194 构成的 7 位左移并行/串行转换器电路原理图。

6．注意事项

（1）在接插集成电路时，要认清定位标记，不得插反。

（2）电源电压的使用范围为 4.5～5.5V，实验中要求使用+5V 直流电源。电源极性绝对不允许接反。

（3）输出端不允许并联使用（集电极开路门和三态输出门电路除外），否则不仅会使电路逻辑功能混乱，还会导致器件损坏。

（4）输出端不允许直接接地或直接接+5V 直流电源，否则将损坏器件，有时为了使后级电路获得较高的输出电平，允许输出端通过电阻接至电源，一般电阻值取 3～5.1kΩ。

（5）移位寄存器的输出顺序要接正确。

7．思考题

（1）时序电路自启动的作用是什么？是否可用人工置数的方法代替自启动功能？

（2）环形计数器最大的优点和缺点各是什么？

8．实验报告

（1）分析表 2-32 中的实验结果，总结 74LS194 的逻辑功能并写到表 2-32 中的"功能总结"栏中。

（2）根据实验内容（2）的结果，画出 4 位环形计数器的状态转换图及波形图。

（3）分析串行/并行转换、并行/串行转换所得结果的正确性。

2.7　555 定时器及其应用实验

1．实验目的

（1）熟悉 555 定时器的结构、工作原理及特点。

（2）了解 555 定时器的基本应用。

2．实验原理

集成时基电路又被称为 555 定时器或 555 电路，是一种数字、模拟混合型的中规模集成电路，应用十分广泛。它是一种可以产生时间延迟和多种脉冲信号的电路，由于内部电压标准使用了 3 个 5kΩ 电阻，故取名 555 电路。其类型有双极型和 CMOS 型两大类，两者的结构与工作原理类似。几乎所有的双极型产品型号最后的 3 位数码都是 555 或 556，所有的 CMOS 型产品型号的最后 4 位数码都是 7555 或 7556，两者的逻辑功能和引脚排列完全相同，易于互换。555 和 7555 是单定时器，556 和 7556 是双定时器。双极型产品的电源电压范围为 5～15V，输出的最大电流可达 200mA，CMOS 型产品的电源电压范围为 3～18V。

1）555 定时器的工作原理

555 定时器的内部电路框图及引脚排列如图 2-48 所示。555 定时器中含有两个电平比较器，一个基本 RS 触发器和一个放电开关管 VT。电平比较器的参考电平由用 3 个 5kΩ 的电阻构成的分压器提供。它们分别使高电平比较器 A_1 的同相输入端和低电平比较器 A_2 的反相输入端的参考电平为 $\frac{2}{3}V_{cc}$ 和 $\frac{1}{3}V_{cc}$。A_1 与 A_2 的输出端控制基本 RS 触发器的状态和放电开关管的状态。当输入信号自 6 号引脚输入且电平超过 $\frac{2}{3}V_{cc}$ 时，基本 RS 触发器复位，555 定时器的 3 号引脚输出低电平，同时放电开关管导通；当输入信号自 2 号引脚输入且电平低于 $\frac{1}{3}V_{cc}$ 时，基本 RS 触发器置位，555 定时器的 3 号引脚输出高电平，同时放电开关管截止。

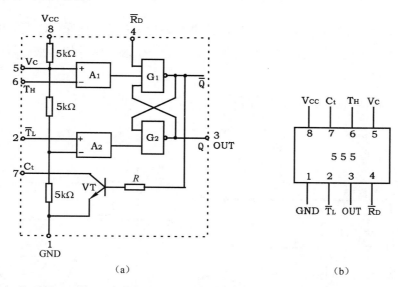

图 2-48　555 定时器的内部电路框图及引脚排列

$\overline{R}_D$ 是复位端（4 号引脚）。当 $\overline{R}_D$=0 时，555 定时器输出低电平。平时 $\overline{R}_D$ 端开路或接电源。

V_C 是控制电压端（5 号引脚），平时输出 $\frac{2}{3}V_{CC}$ 的电平作为 A_1 的参考电平。若 5 号引脚外加一个输入电压，即改变 A_1 的参考电平，则可实现对输出的另一种控制；若 5 号引脚不外加电压，则通常通过一个 0.01μF 的电容接地，该电容起滤波作用，以消除外来的干扰，确保参考电平的稳定。

VT 为放电开关管。当 VT 导通时，将为接于 7 号引脚的电容提供低阻放电通路。

555 定时器主要用来与电阻、电容构成充放电电路，并由两个电平比较器来检测电容上的电压，以确定输出电平的高低和放电开关管的通断。这样就可方便地构成从几微秒到几十分钟的延时电路，还可方便地构成单稳态触发器、多谐振荡器、施密特触发器等脉冲产生或波形变换电路。

2）555 定时器的典型应用

（1）构成单稳态触发器。

图 2-49（a）所示为由 555 定时器和外接定时元件 R、C 构成的单稳态触发器。触发电路由 C_1、R_1、VD 构成，其中 VD 为钳位二极管，稳态时 555 定时器输入端为电源电压，内部放电开关管 VT 导通，输出端 F 输出低电平，当有一个外部负脉冲触发信号经 C_1 加到 2 端，并使 2 端电位瞬时低于 $\frac{1}{3}V_{CC}$ 时，低电平比较器动作，单稳态电路开始一个

暂态过程，C 开始充电，V_C 按指数规律增长。当 V_C 充电到 $\frac{2}{3}V_{CC}$ 时，高电平比较器动作，A_1 翻转，输出 V_o 从高电平返回低电平，放电开关管 VT 重新导通，C 上的电荷很快经放电开关管 VT 放电，暂态结束，恢复稳态，为下一个触发脉冲的到来做好准备。波形图如图 2-49（b）所示。

暂稳态的持续时间 t_W （延时时间）取决于外接元件的值：

$$t_W = 1.1RC$$

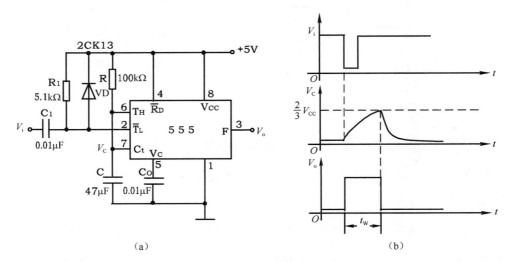

图 2-49   单稳态触发器及其波形图

通过改变 R、C 的大小，可使延时时间在几微秒到几十分钟之间变化。当这种单稳态电路作为计时器时，可直接驱动小型继电器，并且可使用复位端（4 号引脚）接地的方法来中止暂态，重新计时。此外，尚须用一个续流二极管与继电器线圈并联，以防继电器线圈反电势损坏内部功率管。

（2）构成多谐振荡器。

图 2-50（a）所示为由 555 定时器和外接元件 R_1、R_2、C 构成的多谐振荡器，2 号引脚与 6 号引脚直接相连。电路没有稳态，仅存在两个暂稳态，电路亦不需要外加触发信号，利用电源通过 R_1、R_2 向 C 充电，C 通过 R_2 向放电端 C_t 放电，使电路产生振荡。C 在 $\frac{1}{3}V_{CC}$ 和 $\frac{2}{3}V_{CC}$ 之间充电和放电，其波形图如图 2-50（b）所示。输出信号的时间参数是

$$T = t_{W1} + t_{W2}, \quad t_{W1} = 0.7(R_1 + R_2)C, \quad t_{W2} = 0.7R_2C$$

555 定时器要求 R_1 与 R_2 均大于或等于 1kΩ，但 R_1+R_2 小于或等于 3.3MΩ。

外部元件的稳定性决定了多谐振荡器的稳定性，用 555 定时器配以少量的元件即可

获得较高精度的振荡频率和较强的功率输出能力。因此，这种形式的多谐振荡器应用范围很广。

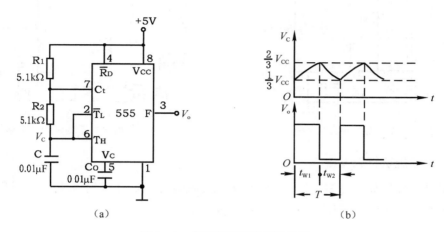

图 2-50　多谐振荡器及其波形图

（3）构成占空比可调的多谐振荡器。

占空比可调的多谐振荡器如图 2-51 所示，它比图 2-50（a）所示的电路增加了一个电位器和两个导引二极管。VD_1、VD_2 用来决定电容充电和放电电流流经电阻的途径（充电时 VD_1 导通，VD_2 截止；放电时 VD_2 导通，VD_1 截止）。

占空比为

$$P = \frac{t_{W1}}{t_{W1} + t_{W2}} \approx \frac{0.7 R_A C}{0.7 C (R_A + R_B)} = \frac{R_A}{R_A + R_B}$$

由此可见，若取 $R_A = R_B$，则电路可输出占空比为 50% 的方波信号。

（4）构成占空比连续可调并能调节振荡频率的多谐振荡器。

占空比与振荡频率均可调的多谐振荡器如图 2-52 所示。当对 C_1 充电时，充电电流通过 R_1、VD_1、R_{W2} 和 R_{W1}；当 C_1 放电时，放电电流通过 R_{W1}、R_{W2}、VD_2、R_2。当 R_1 和 R_2 的阻值相等、R_{W2} 的滑动端调至中心点时，因充放电时间基本相等，其占空比约为 50%，此时调节 R_{W1} 的阻值仅改变振荡频率，占空比不变。如果将 R_{W2} 的滑动端调至偏离中心点，再调节 R_{W1} 的阻值，则不仅振荡频率改变，而且对占空比也有影响。R_{W1} 的阻值不变，调节 R_{W2} 的阻值仅改变占空比，对振荡频率无影响。因此，在接通电源后，应首先调节 R_{W1} 的阻值，使振荡频率达到规定值，再调节 R_{W2} 的阻值，以获得需要的占空比。若振荡频率调节的范围比较大，则还可以用波段开关改变 C_1 的值。

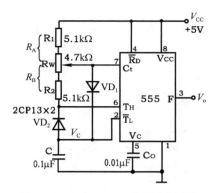

图 2-51 占空比可调的多谐振荡器

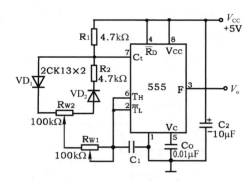

图 2-52 占空比与振荡频率均可调的多谐振荡器

（5）构成施密特触发器。

施密特触发器如图 2-53 所示，将 2、6 号引脚连在一起作为信号输入端，即可得到施密特触发器。图 2-54 所示为 V_S、V_i 和 V_o 的波形图。

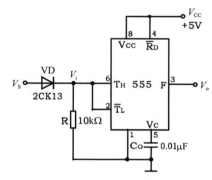

图 2-53 施密特触发器

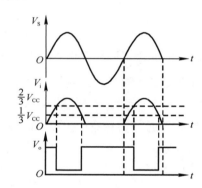

图 2-54 V_S、V_i 和 V_o 的波形图

设被整形变换的电压为正弦波电压 V_S，其正半波通过 VD 同时加到 555 定时器的 2 号引脚和 6 号引脚上，得 V_i 为半波整流波形。当 V_i 上升到 $\frac{2}{3}V_{CC}$ 时，V_o 从高电平翻转为低电平；当 V_i 下降到 $\frac{1}{3}V_{CC}$ 时，V_o 又从低电平翻转为高电平。电压传输特性曲线如图 2-55 所示。

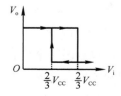

图 2-55 电压传输特性曲线

回差电压为

$$\Delta V = \frac{2}{3} V_{CC} - \frac{1}{3} V_{CC} = \frac{1}{3} V_{CC}$$

3．实验仪器与元器件

（1）+5V 直流电源。

（2）双踪示波器。

（3）连续脉冲源。

（4）单次脉冲源。

（5）音频信号源。

（6）数字频率计。

（7）逻辑电平显示器。

（8）555 定时器×2、2CK13×2、电位器、电阻和电容若干。

4．实验内容

1）单稳态触发器

（1）按图 2-49 连线，取 R=100kΩ，C=47μF，输入信号由单次脉冲源提供，用双踪示波器观测 V_i、V_C 和 V_o 的波形，测定幅度与暂稳时间。

（2）将 R 改为 1kΩ，C 改为 0.1μF，输入端加 1kHz 的连续脉冲，观测 V_i、V_C 和 V_o 的波形，测定幅度及暂稳时间。

2）多谐振荡器

（1）按图 2-50 接线，用双踪示波器观测 V_C 与 V_o 的波形，测定频率。

（2）按图 2-51 接线，组成占空比为 50%的方波信号发生器，观测 V_C 与 V_o 的波形，测定波形参数。

（3）按图 2-52 接线，通过调节 R_{w1} 和 R_{w2} 的阻值来观测输出波形。

3）施密特触发器

按图 2-53 接线，输入信号由音频信号源提供，预先调节 V_S 的频率使其为 1kHz，接通电源，逐渐加大 V_S 的幅度，观测输出波形，绘制电压传输特性曲线，算出回差电压 ΔV。

4）模拟声响电路

按图 2-56 接线，组成两个多谐振荡器，调节定时元件，使 Ⅰ 输出较低频率，Ⅱ 输出较高频率，连好线路，接通电源，试听音响效果。调换外接阻容元件，再试听音响效果。

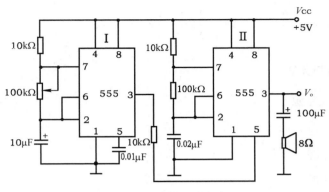

图 2-56   模拟声响电路

5. 实验预习要求

（1）复习有关 555 定时器工作原理及其应用的内容。

（2）拟定实验中所需的数据、记录表格等。

（3）了解如何用示波器测试施密特触发器的电压传输特性。

（4）拟定实验的方法和步骤。

6. 注意事项

（1）在接插集成电路时，要认清定位标记，不得插反。

（2）电源电压的使用范围为 4.5～5.5V，实验中要求使用+5V 直流电源。电源极性绝对不允许接反。

（3）输出端不允许并联使用（集电极开路门和三态输出门电路除外），否则不仅会使电路逻辑功能混乱，还会导致器件损坏。

（4）输出端不允许直接接地或直接接+5V 直流电源，否则将损坏器件，有时为了使后级电路获得较高的输出电平，允许输出端通过电阻接至电源，一般电阻值取 3～5.1kΩ。

（5）单稳态触发器的输入信号频率控制在 500Hz 左右。

（6）施密特触发器的输入信号电压有效值为 5V 左右。

7. 思考题

（1）在由 555 定时器构成的多谐振荡器中，振荡周期和占空比的改变与哪些参数有关？若只改变周期，而不改变占空比，应调整哪个元件的参数？

（2）由 555 定时器构成的单稳态触发器的输出脉宽和周期由什么决定？

（3）为什么单稳态触发器要求输入触发信号的负脉冲宽度小于输出信号的脉冲宽

度？若输入触发信号的负脉冲宽度大于输出信号的脉冲宽度，该怎么办？

8．实验报告

（1）绘出详细的实验电路原理图，定量绘出观测到的波形。

（2）分析、总结实验结果。

2.8　D/A 转换器、A/D 转换器及其应用实验

1．实验目的

（1）了解 D/A 转换器、A/D 转换器的基本工作原理和基本结构。

（2）掌握大规模集成 D/A 转换器、A/D 转换器的功能及其典型应用。

2．实验原理

把模拟量转换成数字量的转换器被称为模/数转换器，即 A/D 转换器，简称 ADC；把数字量转换成模拟量的转换器被称为数/模转换器，即 D/A 转换器，简称 DAC。可以实现 D/A 转换、A/D 转换的电路有多种，特别是单片大规模集成 D/A 转换器、A/D 转换器的问世，为实现上述转换提供了极大的方便。使用者借助手册提供的器件性能指标及典型应用电路，即可正确使用这些器件。本实验将通过 DAC0832 实现 D/A 转换，通过 ADC0809 实现 A/D 转换。

1）D/A 转换器 DAC0832

DAC0832 是采用 CMOS 工艺制成的单片电流输出型 8 位 D/A 转换器，其逻辑框图及引脚排列如图 2-57 所示。

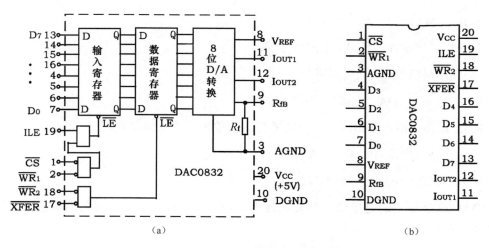

图 2-57　DAC0832 的逻辑框图及引脚排列

DAC0832 的核心部分为采用倒 T 形电阻网络的 8 位 D/A 转换电路，如图 2-58 所示，由倒 T 形 R-$2R$ 电阻网络、模拟开关、运算放大器和参考电压 V_{REF} 这 4 部分组成。

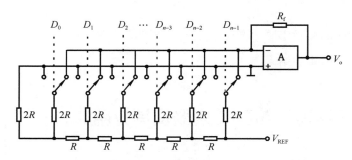

图 2-58　采用倒 T 形电阻网络的 8 位 D/A 转换电路

运算放大器的输出电压为

$$V_{o} = \frac{V_{REF} \cdot R_{f}}{2^{n} R}(D_{n-1} \cdot 2^{n-1} + D_{n-2} \cdot 2^{n-2} + \cdots + D_{0} \cdot 2^{0})$$

由上式可见，输出电压 V_{o} 与输入的数字量成正比，这就实现了从数字量到模拟量的转换。

一个 8 位的 D/A 转换器有 8 个输入端，每个输入端输入的是 8 位二进制数中的 1 位，有 1 个模拟输出端，输入可有 2^{8}=256 个不同的二进制组态，输出为 256 个电压之一，即输出电压不是整个电压范围内的任意值，而只能是 256 个可能值之一。

DAC0832 的引脚功能说明如下。

D_{0}～D_{7}：数字信号输入端。

ILE：输入寄存器允许，高电平有效。

$\overline{CS}$：片选信号，低电平有效。

$\overline{WR_{1}}$：写信号 1，低电平有效。

$\overline{XFER}$：传送控制信号，低电平有效。

$\overline{WR_{2}}$：写信号 2，低电平有效。

I_{OUT1}、I_{OUT2}：DAC 电流输出端。

R_{fB}：反馈电阻，是集成在片内的外接运算放大器的反馈电阻。

V_{REF}：基准电压（-10～+10V）。

V_{CC}：电源电压（+5～+15V）。

DAC0832 输出的是电流，要转换为电压，还必须经过一个外接的运算放大器，如图 2-59 所示。

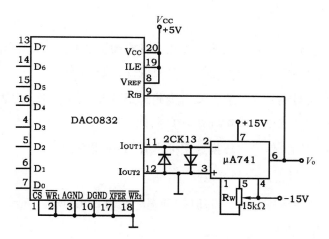

图 2-59 DAC0832 实验电路

2）ADC0809

ADC0809 是采用 CMOS 工艺制成的单片 8 位 8 通道逐次逼近型 A/D 转换器，其逻辑框图及引脚排列如图 2-60 所示。

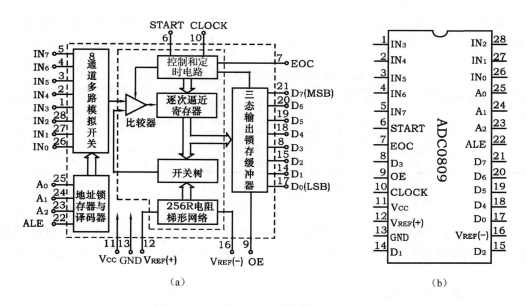

图 2-60 ADC0809 的逻辑框图及引脚排列

ADC0809 的核心部分为 8 位 A/D 转换电路，由比较器、逐次逼近寄存器、开关树及控制和定时电路组成。

ADC0809 的引脚功能说明如下。

$IN_0 \sim IN_7$：8 路模拟量输入端。

A_2、A_1、A_0：地址输入端。

ALE：地址锁存允许信号输入端。在此引脚施加正脉冲，上升沿有效，此时锁存地址码，从而选通相应的模拟量输入通道，以便进行 A/D 转换。

START：启动信号输入端。应在此引脚施加正脉冲，当上升沿到达时，逐次逼近寄存器复位，在下降沿到达后，开始进行 A/D 转换。

EOC：转换结束输出信号（转换结束标志），高电平有效。

OE：输入允许信号，高电平有效。

CLOCK：时钟信号输入端，外接时钟频率一般为 640kHz。

V_{CC}：+5V 单电源供电。

$V_{REF}(+)$、$V_{REF}(-)$：基准电压的正极、负极。一般 $V_{REF}(+)$接+5V 直流电源，$V_{REF}(-)$接地。

$D_0 \sim D_7$：数字信号输出端。

（1）模拟量输入通道选择。

8 通道多路模拟开关由 A_2、A_1、A_0 这 3 个地址输入端选通 8 路模拟量中的任何一路进行 A/D 转换，地址译码与模拟量输入通道的选通关系如表 2-34 所示。

表 2-34　地址译码与模拟量输入通道的选通关系

被选模拟量输入通道		IN_0	IN_1	IN_2	IN_3	IN_4	IN_5	IN_6	IN_7
地址	A_2	0	0	0	0	1	1	1	1
	A_1	0	0	1	1	0	0	1	1
	A_0	0	1	0	1	0	1	0	1

（2）D/A 转换过程。

在 START 端加启动脉冲（正脉冲），D/A 转换开始。如果将 START 端与 EOC 端直接相连，那么 D/A 转换将是连续的，在应用这种转换方式时，开始应在外部加启动脉冲。

3．实验仪器与元器件

（1）+5V、±15V 直流电源。

（2）双踪示波器。

（3）计数脉冲源。

（4）逻辑电平开关。

（5）逻辑电平显示器。

（6）直流数字电压表。

（7）DAC0832、ADC0809、μA741、电位器、电阻和电容若干。

4．实验内容与步骤

1）D/A 转换器 DAC0832

（1）按图 2-59 接线，电路接成直通方式，即 $\overline{CS}$、$\overline{WR_1}$、$\overline{WR_2}$、$\overline{XFER}$ 端接地；ILE、V_{CC}、V_{REF} 端接+5V 直流电源；运算放大器接±15V 直流电源；$D_0 \sim D_7$ 端接逻辑电平开关的输出端；输出端接直流数字电压表。

（2）调零，将 $D_0 \sim D_7$ 全置零，调节运算放大器的电位器，使 μA741 输出为零。

（3）按表 2-35 所列的输入数字量，用直流数字电压表测量运算放大器的输出模拟量 V_o，将测量结果填入表 2-35 并与理论值进行比较。

表 2-35 输入数字量输出模拟量

输入数字量								输出模拟量 V_o/V
D_7	D_6	D_5	D_4	D_3	D_2	D_1	D_0	（V_{CC}=+5V）
0	0	0	0	0	0	0	0	
0	0	0	0	0	0	0	1	
0	0	0	0	0	0	1	0	
0	0	0	0	0	1	0	0	
0	0	0	0	1	0	0	0	
0	0	0	1	0	0	0	0	
0	0	1	0	0	0	0	0	
0	1	0	0	0	0	0	0	
1	0	0	0	0	0	0	0	
1	1	1	1	1	1	1	1	

2）A/D 转换器 ADC0809

按图 2-61 接线。

（1）8 路输入模拟量为 1.0～4.5V，由+5V 直流电源经电阻 R 分压形成；$D_0 \sim D_7$ 端接逻辑电平显示器的输入端；时钟脉冲由计数脉冲源提供，取 f=100kHz；$A_0 \sim A_2$ 端接逻辑电平开关的输出端。

（2）接通电源后，在 START 端加一正单次脉冲，下降沿一到，就开始进行 A/D 转换。

（3）按表 2-36 的要求观察、记录 8 路模拟量的转换结果，并将转换结果换算成十进制数表示的电压值，并与数字电压表实测的各路输入电压值进行比较，分析误差原因。

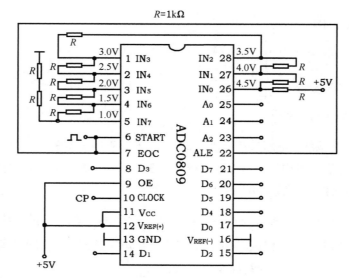

图 2-61   ADC0809 实验电路

表 2-36   输入模拟量输出数字量

被选模拟量输入通道	输入模拟量 V_i/V	地址			输出数字量								
		A_2	A_1	A_0	D_7	D_6	D_5	D_4	D_3	D_2	D_1	D_0	十进制数
IN_0	4.5	0	0	0									
IN_1	4.0	0	0	1									
IN_2	3.5	0	1	0									
IN_3	3.0	0	1	1									
IN_4	2.5	1	0	0									
IN_5	2.0	1	0	1									
IN_6	1.5	1	1	0									
IN_7	1.0	1	1	1									

5．实验预习要求

（1）复习 A/D 转换、D/A 转换的工作原理。

（2）熟悉 ADC0809、DAC0832 各引脚的功能及其使用方法。

（3）绘制完整的实验电路和所需的实验记录表格。

（4）拟定各次实验的方法和步骤。

6．注意事项

（1）在接插集成电路时，要认清定位标记，不得插反。

（2）电源电压的使用范围为 4.5～5.5V，实验中要求使用+5V 直流电源。电源极性绝对不允许接反。

（3）输出端不允许并联使用（集电极开路门和三态输出门电路除外），否则不仅会使电路逻辑功能混乱，还会导致器件损坏。

（4）输出端不允许直接接地或直接接+5V 直流电源，否则将损坏器件，有时为了使后级电路获得较高的输出电平，允许输出端通过电阻接至电源，一般电阻值取 3～5.1kΩ。

（5）AGND（模拟地）与 NGND（数字地）应接在一起使用。

7．思考题

（1）D/A 转换器主要有哪些技术指标？

（2）在图 2-59 中，DAC0832 的输出为单极性电压，若想得到双极性电压输出，应怎样连接电路？

8．实验报告

整理实验数据，分析、总结实验结果。

第 3 章

综合设计性实验

3.1 三人多数表决电路的设计实验

1. 实验目的

（1）掌握用门电路设计组合逻辑电路的方法。

（2）掌握用中规模集成电路设计组合逻辑电路的方法。

（3）能够根据给定的题目，用几种方法设计电路。

2. 实验要求

（1）用三种方法设计三人多数表决电路。

（2）分析各种设计方法的优缺点。

（3）思考四人多数表决电路的设计方法。

（4）自拟实验步骤，用所给实验仪器及元器件完成电路设计。

3. 实验原理

设按键同意灯亮为输入高电平（逻辑为 1），否则为输入低电平（逻辑为 0）。输出逻辑为 1 表示赞成；输出逻辑为 0 表示反对。

根据题意和以上设定列逻辑状态真值表，如表 3-1 所示。

表 3-1　逻辑状态真值表

A	B	C	F
0	0	0	0
0	0	1	0
0	1	0	0

续表

A	B	C	F
0	1	1	1
1	0	0	0
1	0	1	1
1	1	0	1
1	1	1	1

（1）写出逻辑函数表达式。

$$F = \overline{A}BC + A\overline{B}C + AB\overline{C} + ABC$$

（2）化简 F。

利用卡诺图法化简 F：

$$F = AB + BC + AC$$

因为题意指定使用与非门，故将 F 变换成与非形式：

$$F = \overline{\overline{AB} \cdot \overline{BC} \cdot \overline{AC}}$$

画出逻辑电路，如图 3-1 所示。

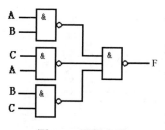

图 3-1　逻辑电路

经常用来设计组合逻辑电路的 MSI 芯片主要为译码器和数据选择器。组合逻辑电路设计实验的步骤前几步同上，写出的逻辑函数表达式可以不化简，直接采用最小项之和的形式，然后根据题目要求选择合适的实验仪器与元器件，并画出电路原理图。

4．实验仪器与元器件

（1）+5V 直流电源。

（2）逻辑电平开关。

（3）逻辑电平显示器。

（4）逻辑笔。

（5）万用表及工具。

（6）74LS00、74LS20、74LS138、74LS153 等。

5．实验报告

（1）写出具体设计步骤，画出实验电路原理图。

（2）根据实验结果分析各种设计方法的优缺点及使用场合。

3.2　多路智力竞赛抢答装置的设计实验

1．实验目的

（1）掌握数字电路中 D 触发器、分频电路、多谐振荡器、时钟脉冲源等单元电路的综合应用。

（2）掌握多路智力竞赛抢赛装置的工作原理。

（3）了解简单数字系统的设计、调试及故障排除方法。

2．实验原理

图 3-2 所示为供 4 人用的智力竞赛抢答装置电路原理图，该装置用于判断抢答优先权。

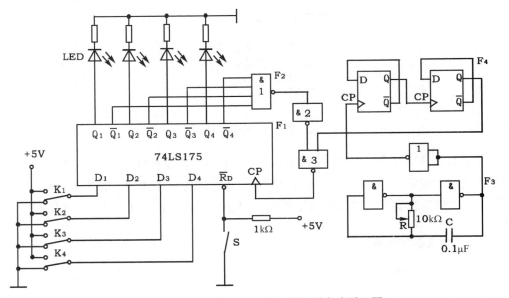

图 3-2　供 4 人用的智力竞赛抢答装置电路原理图

在图 3-2 中，F_1 为四 D 触发器 74LS175，它具有公共置 0 端和公共 CP 端；F_2 为双四输入与非门 74LS20；F_3 是由 74LS00 组成的多谐振荡器；F_4 是由 74LS74 组成的四分频电路，F_3、F_4 组成电路中的时钟脉冲源。在抢答开始时，由主持人清除信号，按下复位开关 S，74LS175 的输出 $Q_1 \sim Q_4$ 全为 0，所有 LED 均熄灭，当主持人宣布"抢答开始"

后，首先做出判断的抢答者立即按下开关，对应的 LED 点亮，同时，通过 F_2 送出信号锁住其余 3 位抢答者的电路，不再接收其他信号，直到主持人再次清除信号为止。

3．实验仪器与元器件

（1）+5V 直流电源。

（2）逻辑电平开关。

（3）逻辑电平显示器。

（4）双踪示波器。

（5）数字频率计。

（6）直流数字电压表。

（7）连续脉冲源。

（8）74LS175、74LS20、74LS74 和 74LS00。

4．实验内容

（1）测试各触发器及各逻辑门的逻辑功能。

（2）按图 3-2 接线，抢答装置上的 5 个开关接实验装置上的逻辑电平开关，LED 接逻辑电平显示器。

（3）断开电路中的时钟脉冲源，单独对 F_3 及 F_4 进行调试，调整 F_3 的 10kΩ 电位器的阻值，使其输出脉冲频率约为 4kHz，观察 F_3 及 F_4 的输出波形，并测试其频率。

（4）测试抢答装置的功能。

接通+5 直流电源，CP 端接实验装置上的连续脉冲源，重复频率约取 1kHz。

① 在抢答开始前，开关 K_1、K_2、K_3、K_4 均置 0，准备抢答，将开关 S 置 0，LED 全熄灭，再将 S 置 1。抢答开始后，开关 K_1、K_2、K_3、K_4 中某一个置 1，观察 LED 的亮、灭情况，然后将其他 3 个开关中任 1 个置 1，观察 LED 的亮、灭情况是否有改变。

② 重复①的内容，改变开关 K_1、K_2、K_3、K_4 中任 1 个的状态，观察抢答装置的工作情况。

③ 整体测试。

断开实验装置上的连续脉冲源，接入 F_3 及 F_4，再进行实验。

5．实验预习要求

若在如图 3-2 所示的电路中添加一个计时功能，要求计时电路显示时间精确到秒，限定时间为 2min，一旦超出限定时间，就取消抢答权，那么电路应该如何改进？

6．实验报告

（1）分析多路智力竞赛抢答装置各部分的功能及工作原理。

（2）总结数字系统的设计、调试方法。

（3）分析实验中出现的故障及故障排除方法。

3.3 电子秒表的设计实验

1．实验目的

（1）掌握数字电路中 JK 触发器、时钟发生器，以及计数、译码显示等单元电路的综合应用。

（2）掌握电子秒表的设计及调试方法。

2．实验原理

图 3-3 所示为电子秒表的电路原理图，按功能将其分成 3 个单元电路进行分析。

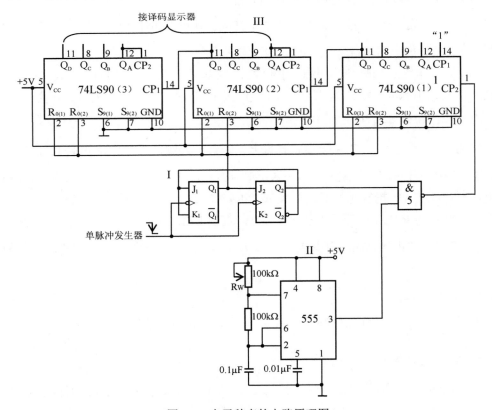

图 3-3　电子秒表的电路原理图

1）控制电路

图 3-3 中单元 I 为用 JK 触发器组成的控制电路，是三进制计数器。图 3-4 所示为三进制计数器的状态转换图。其中，00 状态为电子秒表保持状态，01 状态为电子秒表清零状态，10 状态为电子秒表计数状态。

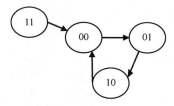

图 3-4　三进制计数器的状态转换图

JK 触发器在电子秒表中的功能是为计数器提供清零信号和计数信号。

注意：在调试时要先将 JK 触发器清零。

2）时钟发生器

图 3-3 中单元 II 为用 555 定时器构成的多谐振荡器，是一种性能较好的时钟源。

调节电位器 R_W 的阻值，使在输出端 3 获得频率为 50Hz 的矩形波脉冲，当基本 RS 触发器 Q=1 时，与非门 5 开启，此时 50Hz 的脉冲通过与非门 5 作为计数脉冲加于 74LS90（1）的计数输入端 CP_2。

3）计数、译码显示电路

图 3-3 中单元 III 为由二-五-十混合进制加计数器 74LS90 构成的电子秒表的计数单元。其中，74LS90（1）接成五进制形式，对频率为 50Hz 的脉冲进行五分频，在输出端 Q_D 取得周期为 0.1s 的矩形波脉冲，作为 74LS90（2）的时钟脉冲输入。74LS90（2）及 74LS90（3）接成 8421 码十进制形式，其输出端接实验装置上的译码显示器的相应输入端，可显示 0.1～0.9s、1.0～9.9s 计时。

注意：74LS90 是异步二-五-十混合进制加计数器，它既可以用作二进制加计数器，又可以用作五进制和十进制加计数器。

图 3-5 所示为 74LS90 的引脚排列，表 3-2 所示为 74LS90 的功能表。

14	13	12	11	10	9	8
CP_1	NC	Q_A	Q_D	GND	Q_B	Q_C

74LS90

CP_2	$R_{0(1)}$	$R_{0(2)}$	NC	V_{CC}	$S_{9(1)}$	$S_{9(2)}$
1	2	3	4	5	6	7

图 3-5　74LS90 的引脚排列

表 3-2　74LS90 的功能表

输入			输出				功能
清 0	置 9	时　钟	Q_D	Q_C	Q_B	Q_A	
$R_{0(1)}$、$R_{0(2)}$	$S_{9(1)}$、$S_{9(2)}$	CP_1　CP_2					
1　　1	0　　× / ×　　0	×　　×	0	0	0	0	清零
0　　× / ×　　0	1　　1	×　　×	1	0	0	1	置9
0　　× / ×　　0	0　　× / ×　　0	↓　　1	Q_A 输出				二进制计数
		1　　↓	Q_D、Q_C、Q_B 输出				五进制计数
		↓　　Q_A	Q_D、Q_C、Q_B、Q_A 输出 8421 码				十进制计数
		Q_D　　↓	Q_A、Q_D、Q_C、Q_B 输出 5421 码				十进制计数
		1　　1	不变				保持

通过不同的连接方式，74LS90 可以实现 4 种不同的逻辑功能，还可以借助 $R_{0(1)}$、$R_{0(2)}$ 将计数器清零，借助 $S_{9(1)}$、$S_{9(2)}$ 将计数器置 9。其具体功能如下。

（1）若计数脉冲从 CP_1 输入，Q_A 作为输出端，则构成二进制加计数器。

（2）若计数脉冲从 CP_2 输入，Q_D、Q_C、Q_B 作为输出端，则构成异步五进制加计数器。

（3）若将 CP_2 和 Q_A 相连，计数脉冲从 CP_1 输入，Q_D、Q_C、Q_B、Q_A 作为输出端，则构成异步 8421 码十进制加计数器。

（4）若将 CP_1 与 Q_D 相连，计数脉冲从 CP_2 输入，Q_A、Q_D、Q_C、Q_B 作为输出端，则构成异步 5421 码十进制加计数器。

（5）清零、置 9 功能。

① 清零。当 $R_{0(1)}$、$R_{0(2)}$ 均为 1，$S_{9(1)}$、$S_{9(2)}$ 中有 0 时，实现异步清零功能，即 $Q_D Q_C Q_B Q_A$=0000。

② 置 9。当 $R_{0(1)}$、$R_{0(2)}$ 均为 1，$S_{9(1)}$、$S_{9(2)}$ 中有 0 时，实现置 9 功能，即 $Q_D Q_C Q_B Q_A$=1001。

3．实验仪器与元器件

（1）+5V 直流电源。

（2）双踪示波器。

（3）直流数字电压表。

（4）数字频率计。

（5）单次脉冲源。

（6）连续脉冲源。

（7）逻辑电平开关。

（8）逻辑电平显示器。

（9）译码显示器。

（10）74LS00×2、555×1、74LS90×3、74LS112、电位器、电阻和电容等。

4．实验内容

由于实验电路中使用的元器件较多，因此实验前必须合理安排各元器件在实验装置上的位置，使电路逻辑清楚，接线较短。

实验时，应按照实验任务的次序，对各单元电路逐个进行接线和调试，即分别测试控制电路、时钟发生器，以及计数、译码显示电路的逻辑功能，待各单元电路工作正常后，再将有关电路逐级连接起来，进行电子秒表的整体测试。

采用这样的测试方法有利于检查和排除故障，保证实验顺利进行。

1）控制电路（JK 触发器）的测试

测试方法：加 3 个单脉冲，看是否能完成类似图 3-4 的 3 个有效状态的一次循环。

2）时钟发生器的测试

测试方法：参考实验 2.7，用双踪示波器观察输出波形并测量其频率，调节电位器 R_W 的阻值，使输出矩形波频率为 50Hz。

3）计数、译码显示电路的测试

（1）74LS90（1）接成五进制形式，$R_{0(1)}$、$R_{0(2)}$、$S_{9(1)}$、$S_{9(2)}$ 接逻辑电平开关的输出端，CP_2 接单次脉冲源，CP_1 接高电平"1"，$Q_A \sim Q_D$ 接实验装置上的译码显示器的输入端 $A \sim D$，按表 3-2 测试其逻辑功能，并进行记录。

（2）74LS90（2）及 74LS90（3）接成 8421 码十进制形式，按上一步骤测试其逻辑功能，并进行记录。

（3）将 74LS90（1）、74LS90（2）和 74LS90（3）级联，进行逻辑功能测试，并进行记录。

4）电子秒表的整体测试

各单元电路测试正常后，按图 3-3 把几个单元电路连接起来，进行电子秒表的整体测试。

加 3 个单脉冲，观察电路是否工作在 3 个有效循环状态（清零、计数、停止）。

注意：3 个有效循环状态的顺序不能错。

5）电子秒表准确度的测试

利用电子钟或手表的秒计时功能对电子秒表进行校准。

5．实验预习要求

（1）复习数字电路中 JK 触发器、时钟发生器及计数器的相关内容。

（2）除本实验中所采用的时钟源以外，选用另外两种不同类型的时钟源进行实验。选取实验仪器及元器件，画出电路原理图。

（3）绘制电子秒表各单元电路的实验记录表格。

（4）列出调试电子秒表的步骤。

6．实验报告

（1）总结电子秒表的整个设计及调试过程。

（2）分析设计及调试过程中遇到的故障及故障排除方法。

3.4　拔河游戏机的设计实验

1．实验目的

（1）掌握数字电路中时钟发生器及计数、译码显示电路等单元电路的综合应用。

（2）掌握拔河游戏机的设计及调试方法。

2．实验原理

给定实验仪器和主要元器件，将各单元电路组合成一个完整的拔河游戏机。

（1）设计拔河游戏机需要将 15（或 9）个 LED 排列成一行，开机后只有正中间 1 个 LED 点亮，以此作为拔河的中心位置，游戏双方各持一个按键，迅速、不断地按按键产生脉冲，谁按得快，亮点就向谁的方向移动，每按一次按键，亮点移动一次。直到任一方终端 LED 点亮，这一方就取胜，此时双方按键均无作用，输出保持，只有经复位后亮点才能重新回到中心位置。

（2）用取胜显示器显示取胜次数

（3）拔河游戏机的电路框图如图 3-6 所示。

（4）拔河游戏机的整机电路图如图 3-7 所示。

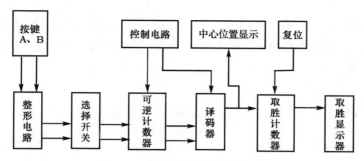

图 3-6 拔河游戏机的电路框图

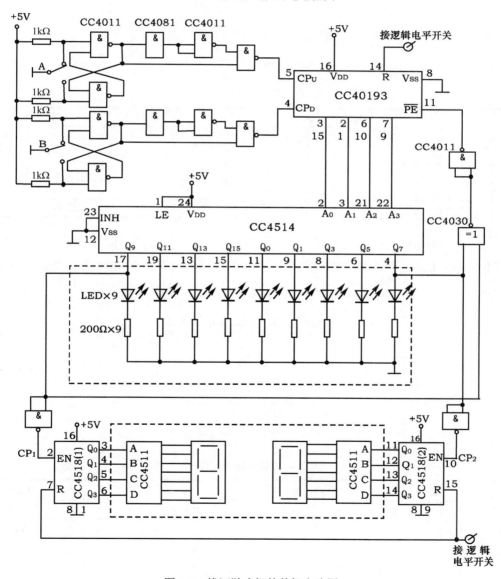

图 3-7 拔河游戏机的整机电路图

（5）CC40193 的引脚排列如图 3-8 所示。其中，$\overline{PE}$ 为置数端；R 为清零端；CP_U 为加计数端；CP_D 为减计数端；$\overline{CO}$ 为非同步进位输出端；$\overline{BO}$ 为非同步借位输出端；$D_0 \sim D_3$ 为数据输入端；$Q_0 \sim Q_3$ 为数据输出端。CC40193 的功能表如表 3-3 所示。

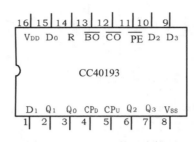

图 3-8　CC40193 的引脚排列

表 3-3　CC40193 的功能表

输　　入								输　　出			
R	$\overline{PE}$	CP_U	CP_D	D_3	D_2	D_1	D_0	Q_3	Q_2	Q_1	Q_0
1	×	×	×	×	×	×	×	0	0	0	0
0	0	×	×	d	c	b	a	d	c	b	a
0	1	↑	1	×	×	×	×	加计数			
0	1	1	↑	×	×	×	×	减计数			

（6）CC4514 的引脚排列如图 3-9 所示。其中，$A_0 \sim A_3$ 为数据输入端；INH 为输出禁止控制端；LE 为数据锁存控制端；$Y_0 \sim Y_{15}$ 为数据输出端。CC4514 的功能表如表 3-4 所示。

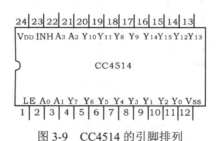

图 3-9　CC4514 的引脚排列

表 3-4　CC4514 的功能表

输　　入						高电平输出端	输　　入						高电平输出端
LE	INH	A_3	A_2	A_1	A_0		LE	INH	A_3	A_2	A_1	A_0	
1	0	0	0	0	0	Y_0	1	0	0	1	0	0	Y_4
1	0	0	0	0	1	Y_1	1	0	0	1	0	1	Y_5
1	0	0	0	1	0	Y_2	1	0	0	1	1	0	Y_6
1	0	0	0	1	1	Y_3	1	0	0	1	1	1	Y_7

续表

输　入						高电平 输出端	输　入						高电平 输出端
LE	INH	A_3	A_2	A_1	A_0		LE	INH	A_3	A_2	A_1	A_0	
1	0	1	0	0	0	Y_8	1	0	1	1	0	1	Y_{13}
1	0	1	0	0	1	Y_9	1	0	1	1	1	0	Y_{14}
1	0	1	0	1	0	Y_{10}	1	0	1	1	1	1	Y_{15}
1	0	1	0	1	1	Y_{11}	1	1	×	×	×	×	无
1	0	1	1	0	0	Y_{12}	0	0	×	×	×	×	①

① 表示当输出状态锁定在上一个 LE=1 时，$A_0 \sim A_3$ 的输入状态。

（7）CC4518 的引脚排列如图 3-10 所示。其中，1CP、2CP 为时钟输入端；1R、2R 为清零端；1EN、2EN 为计数允许控制端；$1Q_0 \sim 1Q_3$ 和 $2Q_0 \sim 2Q_3$ 为计数器输出端。CC4518 的功能表如表 3-5 所示。

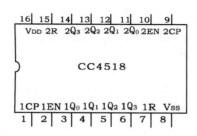

图 3-10　CC4518 引脚排列

表 3-5　CC4518 的功能表

输　入			输出功能
CP	R	EN	
↑	0	1	加计数
0	0	↓	加计数
↓	0	×	保持
×	0	↑	
↑	0	0	
1	0	↓	
×	1	×	全部为 0

3. 实验仪器与元器件

（1）+5V 直流电源。

（2）逻辑电平开关。

（3）逻辑电平显示器。

（4）CC4514（4-16 线译码器）、CC40193（双时钟二进制同步加/减计数器）、CC4518

（十进制计数器）、CC4511（译码器）×2、CC4081（与门）、CC4011（与非门）×3、CC4030（异或门）和 1kΩ 电阻×4 等。

4．实验内容

图 3-7 所示为拔河游戏机的整机电路图。可逆计数器 CC40193 在原始状态下输出 4 位二进制数 0000，经译码器输出使正中间的一个 LED 点亮。当按 A、B 两个按键时，分别产生两个脉冲信号，经整形后分别加到可逆计数器上，可逆计数器输出的代码经译码器译码后驱动 LED 点亮并发生移位，当亮点移到任一方终端后，由于控制电路的作用，这一状态被锁定，而输入脉冲不受影响。按下复位键，亮点又回到中心位置，比赛又可重新开始。

将双方终端 LED 的正极分别经两个与非门后接至两个十进制计数器 CC4518 的允许控制端 EN。当任一方取胜时，该方终端 LED 点亮，产生一个上升沿使其对应的十进制计数器计数。这样，十进制计数器的输出就可显示取胜次数。

1）计数器

计数器有 2 个输入端，4 个输出端。因为要进行加/减计数，所以选用双时钟二进制同步加/减计数器 CC40193。

2）整形电路

CC40193 是可逆计数器，控制加和减的 CP 脉冲分别加至 5 号引脚和 4 号引脚。当电路要进行加计数时，减法输入端 CP_D 必须接高电平；当电路要进行减计数时，加法输入端 CP_U 必须接高电平。若直接将由 A、B 两个按键产生的 CP 脉冲加到 5 号引脚或 4 号引脚，则有很大可能性在进行计数输入时另一个计数输入端为低电平，使计数器不能计数，两个按键均失去作用，从而导致拔河比赛不能正常进行。因此，加一个整形电路，使由 A、B 两个按键产生的 CP 脉冲经整形后变为一个占空比很大的脉冲，这样就减小了进行某一计数时另一个计数输入端为低电平的可能性，从而使每按一次按键都有可能进行有效的计数。整形电路由与门 CC4081 和与非门 CC4011 构成。

3）译码器

译码器选用 4-16 线译码器 CC4514。译码器的输出端分别接 15（或 9）个 LED（本实验中接 9 个 LED），LED 的负极接地，正极接译码器，这样当输出端为高电平时点亮。

比赛准备，译码器输入为 0000，Q_0 输出为 1，正中间的 LED 首先点亮，当编码器进行加计数时，亮点向右移；当编码器进行减计数时，亮点向左移。

4）控制电路

为了指示谁胜谁负，需要一个控制电路。当亮点移到任何一方的终端时，判该方取胜，此时双方的按键均宣告无效。控制电路可用异或门 CC4030 和非门 CC4011 构成。将双方终端 LED 的正极接异或门的两个输入端，当取胜一方为 1，而另一方为 0 时，异或门输出为 1，经非门产生低电平 0，送到 CC40193 的置数端 $\overline{PE}$，于是计数器停止计数，处于预置状态。由于计数器数据输入端 A、B、C、D 和输出端 Q_0、Q_1、Q_2、Q_3 对应相连，输入就是输出，因此计数器对输入脉冲不起作用。

5）取胜显示

将双方终端 LED 正极经非门后分别接到两个十进制计数器 CC4518 的 EN 端，CC4518 的两组 4 位 BCD 码分别接到实验装置的两组译码显示器的 A、B、C、D 插口处。当一方取胜时，该方终端 LED 点亮，产生一个上升沿使相应的十进制计数器进行加 1 计数，于是得到了双方取胜次数的显示，若一位数不够，则进行两位数的级联。

6）复位

为了能进行多次比赛，需要进行复位操作，使亮点返回中心位置，可用一个开关控制 CC40193 的清零端 R 实现。

取胜显示器的复位也应用一个开关来控制 CC4518 的清零端 R，使其重新计数。

5．实验预习要求

（1）复习数字电路中时钟发生器、计数器及译码器等相关内容。

（2）绘制拔河游戏机各单元电路的实验记录表格。

（3）列出调试拔河游戏机的步骤。

6．实验报告

（1）讨论实验结果，总结实验收获

（2）总结拔河游戏机整个设计及调试过程。

（3）分析设计及调试过程中遇到的故障及故障排除方法。

3.5　序列脉冲检测器的设计实验

1．实验目的

（1）掌握时序逻辑电路的设计与调试方法。

（2）了解序列脉冲发生器和序列脉冲检测器的功能区别及设计方法。

（3）培养学生对数字电路中各单元电路的灵活运用和综合设计能力。

（4）培养学生分析问题、解决问题的能力。

2．实验原理

（1）序列脉冲检测器在数据通信、雷达和遥测等领域中用于检测同步识别标志。它是一种用来检测一组或多组序列信号的电路。例如，序列脉冲检测器收到一组指定的串行码后，输出标志 1，否则输出标志 0。序列脉冲检测器每收到一个符合要求的串行码就需要用一个状态进行记忆。若要检测的串行码长度为 N 位，则需要 N 个状态，另外还需要增加一个"未收到一个有效位"的初始状态，共需要 N+1 个状态。

（2）序列脉冲发生器用于产生一个指定序列串，与序列脉冲检测器类似，每产生一个符合要求的串行码就需要用一个状态进行记忆。若要产生的串行码长度为 N 位，则需要 N 个状态，另外还需要增加一个"未产生一个有效位"的初始状态，共需要 N+1 个状态。

（3）进行序列脉冲发生器或序列脉冲检测器的设计，首先按要求画出状态转换图（表），然后按照实现方案采用经典设计方法或 VHDL（硬件描述语言）完成设计。

（4）同步时序逻辑电路的一般设计步骤如下。

① 根据设计要求和给定的条件进行逻辑抽象，得出电路的原始状态转换图（表）。

a．分析给定的逻辑问题，确定输入变量、输出变量及该电路应包含的状态，并用字母 a,b,c,… 或 S0,S1,S2,… 等表示。

b．分别以上述状态为现态，考察在每个可能的输入组合作用下应转入哪个状态及相应的输出。

② 状态化简。

在原始状态转换图（表）中，如果有两个或两个以上的状态，在相同的条件下不仅有相同的输出，而且向同一个状态转换，则这些状态是等价的，可以合并。

③ 状态分配（状态编码）。

首先，根据电路包含的 M 个状态，确定触发器的类型和数目 N。

其次，给每个电路状态规定对应的触发器状态组合，每个触发器的状态组合都是一组二值代码，所以该过程又被称为状态编码。

④ 求出电路的状态方程、激励方程和输出方程。

⑤ 根据得到的方程画出逻辑图。

⑥ 检查设计的电路能否自启动。

3．实验仪器与元器件

（1）+5V 直流电源。

（2）双踪示波器。

（3）数字频率计。

（4）单次脉冲源。

（5）连续脉冲源。

（6）逻辑电平开关。

（7）逻辑电平显示器。

（8）逻辑笔。

（9）万用表。

（10）74LS00、74LS112、74LS90、74LS151、555 定时器、电阻、电容等。

4．实验内容

（1）应用同步时序逻辑电路的设计方法，设计一个可重复检测"110"的序列脉冲检测器。

① 串行输入序列脉冲检测器电路框图如图 3-11 所示。

② 对输入信号逐位进行检测，若输入序列中出现"110"，则当最后的"0"在输入端出现时，输出端 Z 为"1"；若随后的输出信号序列仍为"110"，则输出端 Z 仍为"1"。其他情况下，输出端 Z 为"0"。

③ 典型的输入、输出序列如下。

a．时钟脉冲输入端 CP：12345678。

b．输入端 X：01101110。

c．输出端 Z：00010001。

④ 设计一个序列脉冲发生器，为序列脉冲检测器提供输入信号。

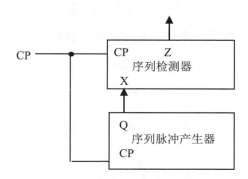

图 3-11　串行输入序列脉冲检测器电路框图

（2）设计要求及调试要点。

① 确定合理的总体设计方案。对各种方案进行比较，对电路的先进性、结构的**繁简**、

成本的高低及实现的难易等方面进行综合比较。自拟设计步骤，写出设计过程，选择合适的元器件，画出电路原理图。

② 组成系统。在一定幅面的图纸上合理布局，通常按信号的流向，采用左进右出的规律摆放各单元电路，并标出必要的说明。

③ 用示波器观察实验中各点波形，并与理论数据进行比较，分析实验结论。

④ 序列脉冲发生器和序列脉冲检测器分开调试，单元电路测试正常后，再将两个单元电路连接起来，进行总体测试。

⑤ 序列脉冲发生器和序列脉冲检测器应保证同步。序列脉冲发生器的形式很多，为使电路简单化，可使用十进制计数器的最高位输出序列脉冲。

5．实验报告

（1）画出总体电路原理图及电路框图。

（2）进行单元电路设计方法及原理分析，画出单元电路原理图。

（3）除可选用计数器作为序列脉冲发生器以外，还可选用数据选择器作为序列脉冲发生器，若本实验选用数据选择器，画出电路原理图。

（4）分析设计及调试过程中遇到的故障及故障排除方法。

3.6　彩灯控制器的设计实验

1．实验目的

（1）掌握时序逻辑电路的一般设计方法。

（2）掌握触发器、移位寄存器和计数器的原理和应用。

（3）培养学生对数字电路中各单元电路的灵活运用和综合设计能力。

（4）培养学生分析问题、解决问题的能力。

2．实验内容

设计 6 种花型的 8 路彩灯控制器。8 个彩灯一字排开，彩灯的亮灭图案及顺序如下。

（1）8 个灯全亮。

（2）8 个灯全灭。

（3）从左边第一个开始每隔一个灯亮。

（4）从右边第一个开始每隔一个灯灭。

（5）左边 4 个灯灭，右边 4 个灯亮。

（6）左边 4 个灯亮，右边 4 个灯灭。

6 种花型变换用由 74LS160 的低 3 位 Q_C、Q_B、Q_A 组成的模 6 计数器来实现，由 Q_C、Q_B、Q_A 送入 3-8 线译码器（输出加与非门）来实现 6 种花型的 6 个状态 T0、T1、T2、T3、T4、T5。

6 种花型的 8 路彩灯控制器真值表如表 3-6 所示。

表 3-6 6 种花型的 8 路彩灯控制器真值表

74LS160			状态	8 个彩灯							
Q_C	Q_B	Q_A	T_i	L_8	L_7	L_6	L_5	L_4	L_3	L_2	L_1
0	0	0	T_0	1	1	1	1	1	1	1	1
0	0	1	T_1	0	0	0	0	0	0	0	0
0	1	0	T_2	0	1	0	1	0	1	0	1
0	1	1	T_3	1	0	1	0	1	0	1	0
1	0	0	T_4	0	0	0	0	1	1	1	1
1	0	1	T_5	1	1	1	1	0	0	0	0

3．实验仪器与元器件

（1）+5V 直流电源。

（2）双踪示波器。

（3）数字频率计。

（4）单次脉冲源。

（5）连续脉冲源。

（6）逻辑电平开关。

（7）逻辑电平显示器。

（8）逻辑笔。

（9）万用表。

（10）74LS00、74LS20、74LS74、74LS161、74LS194、555 定时器、电阻和电容等。

4．实验报告

（1）画出总体电路原理图及电路框图。

（2）分析单元电路设计方法及原理，画出单元电路原理图。

（3）分析设计及调试过程中遇到的故障及故障排除方法。

（4）总结数字系统的设计、调试方法。

3.7 倒计时器的设计实验

1．实验目的

（1）掌握中规模集成计数器的原理和应用。

（2）掌握振荡器、分频器的原理和应用。

（3）掌握译码器、显示器的原理和应用。

（4）掌握 555 定时器的设计和使用方法。

（5）培养学生对数字电路中各单元电路的灵活运用和综合设计能力。

（6）培养学生分析问题、解决问题的能力。

2．实验要求

倒计时器能直观显示剩余时间的长短，在科研、生产及生活中起着重要的作用。倒计时器主要由振荡器、分频器、减 1 计数器、译码器、显示器及控制电路等单元电路组成。

（1）显示 1 位天、2 位时、2 位分。

（2）在 0 分钟到 9 天内，能任意设置倒计时长短。

（3）倒计时结束，能发出告警信号（声、光）或控制信号。

（4）设计并画出整机逻辑电路及原理框图，以及电路工作是否正常的快速校对电路，写出电路调试方法、故障分析等方面的总结报告，并画出必要的波形图。

3．实验原理

图 3-12 所示为倒计时器的原理框图。开启电路，先对减 1 计数器的天、时、分的各位赋初值，然后按下开关 K，倒计时器开始工作。随着倒计时的开始，显示器显示出剩余时间的长短，当减 1 计数器各位均为 0 时，判 0 电路输出控制信号 1，表明倒计时结束。

4．实验设备与器件

（1）+5V 直流电源。

（2）双踪示波器。

（3）数字频率计。

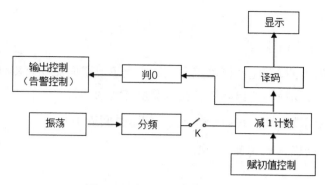

图 3-12　倒计时器的原理框图

（4）单次脉冲源。

（5）连续脉冲源。

（6）逻辑电平开关。

（7）逻辑电平显示器。

（8）译码显示器。

（9）万用表及工具。

（10）74LS00、74LS30、74LS20、74LS193、74LS191、74LS48、BS201、1MHz 晶体、电阻和电容等。

5．实验报告

（1）画出总体电路原理图及电路框图。

（2）分析单元电路设计方法及原理，画出单元电路原理图。

（3）分析设计及调试过程中遇到的故障及故障排除方法。

3.8　多功能流水灯的设计实验

1．实验目的

（1）掌握集成计数器的原理和应用。

（2）掌握 555 定时器的设计和应用方法。

（3）掌握分频器、译码器、显示器和触发器等的综合应用。

（4）通过设计多功能流水灯掌握电子系统的设计和分析方法。

2．实验要求

（1）彩灯具有单向流水效果。

（2）彩灯的流向可以变化：可以正向流动，也可以逆向流动。彩灯流动的方向可以手动控制，也可以自动控制，自动控制往返变换时间为 5s。

（3）彩灯可以间歇流动，10s 间歇一次，间歇时间为 1s。

（4）彩灯的流动以人眼能看清为准。

3．实验原理

1）原理框图

根据实验要求，可以利用 555 定时器组成一个多谐振荡器，发出连续脉冲作为计数器的时钟脉冲源。为了实现彩灯流向的可控，计数器可以选用加/减计数器。计数器的输出端接译码器以实现流水的效果。多功能流水灯的原理框图如 3-13 所示。

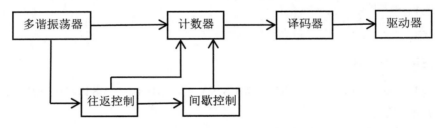

图 3-13　多功能流水灯的原理框图

2）单元电路设计

（1）多谐振荡器。

用 555 定时器和外接元件 R_1、R_2、C 组成多谐振荡器，如图 3-14 所示。该多谐振荡器用于产生计数器所需的时钟脉冲，其振荡周期为 $T=0.7(R_1+2R_2)C$。

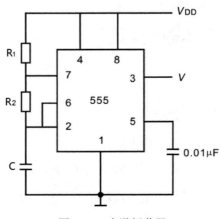

图 3-14　多谐振荡器

　　为了实现人眼能分辨的彩灯流水效果，必须使时钟脉冲的周期不小于人眼的视觉暂留时间，即 $T \geqslant 0.01\text{s}$。

　　（2）计数器及译码器。

　　计数器选用 CD4510，其具有清零、置数、保持、加计数和减计数功能。CD4510 的引脚排列如图 3-15 所示，其功能表如表 3-7 所示。清零时在 R 端加高电平。当 $\overline{\text{Ci}}$ 端加低电平时，计数器正常工作；当 $\overline{\text{Ci}}$ 端加高电平时，计数器保持原有状态。在 $\overline{\text{Ci}}$ 端加周期性高低电平，就能实现流水灯的间歇功能。$\overline{\text{U}}/\text{D}$ 端是加/减计数控制端，当 $\overline{\text{U}}/\text{D}=1$ 时实现加计数，当 $\overline{\text{U}}/\text{D}=0$ 时实现减计数。在 $\overline{\text{U}}/\text{D}$ 端加入周期性高低电平，就能实现彩灯流向的变化功能。

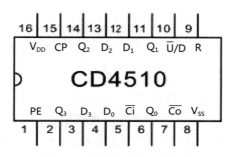

图 3-15　CD4510 的引脚排列

表 3-7　CD4510 的功能表

R	PE	$\overline{\text{Ci}}$	$\overline{\text{U}}/\text{D}$	CP	功能
1	×	×	×	×	清零
0	1	×	×	×	置数
0	0	0	1	↑	加计数
0	0	0	0	↑	减计数
0	0	1	×	×	保持

　　译码器选用 CD4028，其由 4 个缓冲输入端口、译码逻辑和 10 个输出缓冲器组成，能将输入的由 4 位二进制数表示的二-十进制数译成十进制数。CD4028 的引脚排列如图 3-16 所示，其功能表如表 3-8 所示。

图 3-16　CD4028 的引脚排列

表 3-8　CD4028 的功能表

序号	输入				输出									
	A_3	A_2	A_1	A_0	Y_0	Y_1	Y_2	Y_3	Y_4	Y_5	Y_6	Y_7	Y_8	Y_9
0	0	0	0	0	1	0	0	0	0	0	0	0	0	0
1	0	0	0	1	0	1	0	0	0	0	0	0	0	0
2	0	0	1	0	0	0	1	0	0	0	0	0	0	0
3	0	0	1	1	0	0	0	1	0	0	0	0	0	0
4	0	1	0	0	0	0	0	0	1	0	0	0	0	0
5	0	1	0	1	0	0	0	0	0	1	0	0	0	0
6	0	1	1	0	0	0	0	0	0	0	1	0	0	0
7	0	1	1	1	0	0	0	0	0	0	0	1	0	0
8	1	0	0	0	0	0	0	0	0	0	0	0	1	0
9	1	0	0	1	0	0	0	0	0	0	0	0	0	1

（3）控制电路。

控制信号可以由时钟信号经过分频得到。分频器选用 CD4017，其引脚排列如图 3-17 所示，它是十进制计数器/脉冲分配器，其输入电压范围为 3～15V。其 10 个数据输出引脚 Q_0～Q_9 中只有一个输出高电平，在 CP 端输入第一个脉冲后 Q_1 输出高电平，输入第二个脉冲后 Q_2 输出高电平，以此类推。CR 为复位引脚，复位状态下 Q_0 输出高电平，Q_1 至 Q_9 均输出低电平。CO 为进位引脚，计数 10 个脉冲之后，CO 输出进位信号。EN 为时钟使能端，当 EN 为低电平时，在时钟脉冲的上升沿进位；当 EN 为高电平时，时钟被禁止。

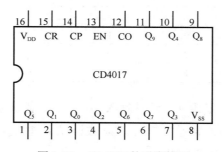

图 3-17　CD4017 的引脚排列

因为时钟脉冲周期为 0.25s，要想得到 1s、10s 的控制信号需要经过 4 分频和 40 分频。CD4017 有 10 个输出端，每个输出端的状态与输入计数器的时钟脉冲的个数相对应。如果输入 4 个脉冲，计数器从 0 开始计数，则分频器输出端 Y_4 应为高电平。如果此时将 Y_4 反馈到 CR 端（CR 端为高电平清零），就组成了 4 分频电路。将它们组合起来，便可实现 4 分频、40 分频。

按照实验要求，控制 CD4510 的加/减计数控制端，需要保持高电平 5s，保持低电平 5s。利用 CD4017 的 CO 端的功能，实现 CD4510 的加/减计数。

间歇功能利用单稳态触发器 CD4047 来完成。当计数 10s 时，利用 CD4017 输出脉冲下降沿触发单稳态翻转，并保持 1s。触发器输出端控制 CD4510 停止计数 1s，同时控制 CD4047 清零 1s。多功能流水灯电路如图 3-18 所示。

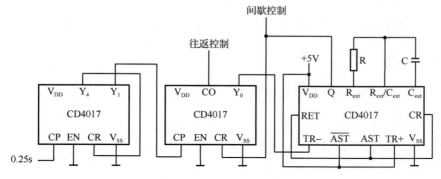

图 3-18　多功能流水灯电路

3）总体电路原理图

要求学生自行画出总体电路原理图。

4．实验仪器与元器件

（1）+5V 直流电源。

（2）双踪示波器。

（3）数字频率计。

（4）单次脉冲源。

（5）连续脉冲源。

（6）逻辑电平开关。

（7）逻辑电平显示器。

（8）逻辑笔。

（9）万用表。

（10）CD4017、CD4510、CD4028、CD4047、555 定时器、LED、电阻和电容等。

5．实验内容

（1）按照设计好的电路原理图搭接电路。

（2）按单元分块调试电路。

① 调试多谐振荡器电路。

② 调试计数器电路。

③ 调试译码器电路。

④ 调试控制电路。

（3）进行整体电路调试，观察彩灯工作情况，并记录结果、画出波形图。

6．设计报告

（1）画出总体电路原理图及电路框图。

（2）分析单元电路设计方法及原理，画出单元电路原理图。

（3）分析设计及调试过程中遇到的故障及故障排除方法。

3.9 模拟汽车尾灯的设计实验

1．实验目的

（1）掌握时序逻辑电路的一般设计方法。

（2）掌握组合逻辑电路的一般设计方法。

（3）培养学生对数字电路中各单元电路的灵活运用和综合设计能力。

（4）培养学生分析问题、解决问题的能力。

2．实验原理

假设汽车尾灯左、右两侧各有 3 个指示灯（用 LED 模拟），要求汽车正常行驶时指示灯全灭；右转弯时，右侧 3 个指示灯按右循环顺序点亮；左转弯时，左侧 3 个指示灯按左循环顺序点亮；临时刹车时，所有指示灯同时闪烁。

3．实验仪器与元器件

（1）+5V 直流电源。

（2）双踪示波器。

（3）单次脉冲源。

（4）连续脉冲源。

（5）逻辑电平开关。

（6）逻辑电平显示器。

（7）逻辑笔。

（8）万用表。

（9）74LS00、74LS90（CD4510）、CD4511、555 定时器、LED、电阻和电容等。

4．总体方案设计

1）汽车尾灯显示状态与汽车运行状态的关系

为了区分汽车尾灯 4 种不同的显示模式，需要设置 2 个状态控制变量。假定用开关 S_1 和 S_0 进行显示模式控制，可列出汽车尾灯显示状态与汽车运行状态的关系，如表 3-9 所示。

表 3-9　汽车尾灯显示状态与汽车运行状态的关系

开关控制		运行状态	左尾灯	右尾灯
S_1	S_0		$D_6 D_5 D_4$	$D_1 D_2 D_3$
0	0	正常运行	灭灯	灭灯
0	1	右转弯	灭灯	按 $D_1D_2D_3$ 顺序循环点亮
1	0	左转弯	按 $D_4D_5D_6$ 顺序循环点亮	灭灯
1	1	临时刹车	所有的尾灯同时闪烁	

2）汽车尾灯控制电路框图

由于汽车在左转弯或右转弯时，3 个指示灯循环点亮，所以可用三进制计数器控制译码器使之顺序输出低电平，从而控制汽车尾灯按要求点亮。在每种运行状态下，各指示灯与各给定条件的关系如表 3-10 所示。

表 3-10　指示灯控制逻辑功能表

开关控制		三进制计数器		6 个指示灯					
S_1	S_0	Q_1	Q_0	D_6	D_5	D_4	D_1	D_2	D_3
0	0			0	0	0	0	0	0
0	1	0	0	0	0	0	1	0	0
		0	1	0	0	0	0	1	0
		1	0	0	0	0	0	0	1
1	0	0	0	0	0	1	0	0	0
		0	1	0	1	0	0	0	0
		1	0	1	0	0	0	0	0
1	1			CP	CP	CP	CP	CP	CP

汽车尾灯控制电路框图如图 3-19 所示。

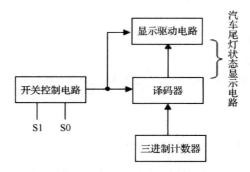

图 3-19   汽车尾灯控制电路框图

5．单元电路设计

单元电路设计包括三进制计数器设计、开关控制电路设计、译码与显示驱动电路设计及汽车尾灯状态显示电路设计。

对以上单元电路，要求学生给出多种设计方案，然后经过对比选择最合适的方案。

6．设计步骤

（1）根据要求进行总体方案设计。

（2）进行具体单元电路设计。

（3）计算元器件参数，并选择相应的元器件型号，列出元器件清单。

（4）画出完整的电路原理图。

7．实验报告

（1）画出总体电路原理图及电路框图。

（2）分析单元电路设计方法及原理，画出单元电路原理图。

（3）分析设计及调试过程中遇到的故障及故障排除方法。

3.10　VHDL 初步实验

1．实验目的

（1）熟悉 MAX+plus II 软件。

（2）掌握简单的 VHDL 编程应用。

（3）掌握用可编程逻辑器件设计组合逻辑电路的方法。

2．实验原理

MAX+plusⅡ是 Altera 公司开发的一款完全集成化的 EDA 工具软件，它的升级版本是 QuartusⅡ。设计输入常用的方法有：通过 MAX+plusⅡ图形编辑器，创建图形设计文件（.gdf 文件）；通过 MAX+plusⅡ文本编辑器，使用 AHDL，创建文本设计文件（.tdf 文件）；使用 VHDL，创建文本设计文件（.vhd 文件）；使用 Verilog HDL，创建文本设计文件（.v 文件）；通过 MAX+plus Ⅱ波形编辑器，创建波形设计文件（.wdf 文件）。

本实验采用常用 EDA 工具软件 MAX+plusⅡ10.0 Baseline，该软件是 Altera 公司为支持教育提供的学生版软件，其在功能上与商业版软件类似，仅在可使用的芯片上受到限制。它的界面友好，在线帮助功能完备，初学者也可以很快掌握其使用方法，并完成高性能的数字逻辑设计。另外，在进行原理图输入时，可以采用软件中自带的 74 系列逻辑库，所以对于初学者来说，即使不使用 Altera 的可编程器件，也可以把 MAX+plusⅡ作为逻辑仿真工具，不用搭建硬件电路，即可对自己的设计进行调试、验证。本实验主要学习 MAX+plusⅡ的操作方法，并结合具体设计实例练习 MAX+plusⅡ的使用。本实验采用文本输入法进行设计，用 VHDL 对常见数字电路进行设计及仿真。

在设计过程中，采用自顶向下的设计方法，首先从系统设计入手，在顶层进行功能的划分，其次对各模块进行设计及仿真，再次综合进行门级仿真，如果没有错误就可以下载，最后实现电路。VHDL 的优点如下。

（1）功能强大，描述能力强。可用于门级、电路级甚至系统级的描述、仿真和设计。

（2）可移植性好。对于设计和仿真工具采用相同的描述，对于不同的平台也采用相同的描述。

（3）研制周期短，成本低。这里主要是指由于 VHDL 支持大模块设计的功能，又可结合对已有设计的利用，因此加快了设计流程。

（4）可以延长设计的生命周期。因为 VHDL 的硬件描述与工艺技术无关，所以工艺变化不会导致描述过时。VHDL 具有电路仿真与验证功能，可以保证设计的正确性，用户甚至不用编写测试向量便可以进行源代码级的调试，而且设计者可以非常方便地比较各种方案的可行性及其劣势，无须做任何实际形式的电路实验。

（5）VHDL 对设计的描述具有相对独立性。设计者可以不懂硬件的结构，也不必管最终设计实现的目标器件是什么，就能进行独立的设计。

（6）VHDL 标准、规范，易于共享和复用。

一个完整的 VHDL 程序是由以下五大部分组成的。

库（Library）：储存预先写好的程序和数据的集合。

程序包（Package）：声明在设计中将用到的常数、数据类型、元器件及子程序。

实体（Entity）：声明将用到的其他实体或其他设计的接口，即定义本定义的输入/输出端口。

构造体（Architecture）：定义实体的实现、电路的具体描述。

配置（Configuration）：一个实体可以有多个构造体，可以通过配置来为实体选择其中一个构造体。

3．实验仪器及设备

（1）计算机。

（2）MAX+plusⅡ。

4．实验内容

学生上机操作结合教师讲解学习 MAX+plusⅡ的使用方法。

（1）设计输入。将所设计的数字逻辑以某种方式输入计算机。

① 原理图输入方式。学习要点：元器件的放置、连线，电源、地的表示，标点的使用，输入/输出的设置，总线的使用，各种元器件库的使用。

② 文本输入方式（基于 VHDL）。学习要点：VHDL 文件的扩展名必须为.vhd；VHDL 文件名必须与实体的名字一致；VHDL 的源程序要放在某个指定的文件夹中。

文件存盘完毕以后务必将工程文件设置为当前文件。

a．执行 File→Project→Set Project to current File 操作。

b．设计校验。检查第一步中的设计输入是否有错误（连线或语法类错误）：执行 Project→Surt Compilation 操作或按 Ctrl+L 组合键。若有错误，则根据错误提示找出并修改错误；若无错误，则执行下一步操作。

c．功能仿真。在进行功能仿真之前应先对当前工程进行编译（执行 Project→Start Compilation 操作或按 Ctrl+L 组合键），然后建立仿真波形文件，设定好待观察的输入/输出波形之后进行功能仿真，若仿真结果正确，则进行下一步，否则返回，对第一步中的逻辑设计进行修改后重新进行上述步骤。

d．引脚锁定。引脚锁定之前应首先选择器件的型号，如选择 Assign→Device 选项，在弹出的窗口中选择 MAX7000 系列的 EPM7128SLC84-10，确认选定器件之后对工程重新进行编译。

e．重新编译及布局、布线。引脚锁定完毕后重新编译。

f．下载/编程。选择 MAX+plusⅡ→Programmer 选项，再选择 Options→Hardware Setup 选项，配置硬件，用 Altera 的 ByteBlaster 下载电缆将编程文件（.pof 文件）从计算机的

并行口直接写入器件。这时，确认硬件正确连接，目标板电源打开，按 Program 按钮即可开始对目标板上的 EPLD 进行编程。

（2）用 VHDL 设计一个能实现二输入的与门电路。

① 写出逻辑设计过程及相关表达式。

② 画出逻辑电路图。

③ 基于 MAX+plus II 验证逻辑功能。

（3）用 VHDL 设计一个能实现两个 1 位二进制数相加的全加器电路。

① 写出逻辑设计过程及相关表达式。

② 画出逻辑电路图。

③ 基于 MAX+plus II 验证逻辑功能。

（4）用 VHDL 设计一个能实现异步清零上升沿触发的 D 触发器电路。

① 写出逻辑设计过程及相关表达式。

② 画出逻辑电路图。

③ 基于 MAX+plus II 验证逻辑功能。

5．实验预习要求

（1）结合理论教材预习实验中所用软件的使用方法。

（2）预习实验所用芯片的结构图、引脚排列和功能表。

（3）预习实验的设计原理。

（4）按要求设计实验电路。

6．思考题

如何利用 MAX+plus II 验证一个逻辑设计结果是否正确？

7．实验报告

（1）总结 MAX+plus II 的使用步骤及各步骤的作用。

（2）结合实验总结基于可编程逻辑器件设计组合逻辑电路的方法。

第 4 章

常用电子仿真软件介绍

4.1 Multisim

1. Multisim 简介

Multisim 是美国国家仪器（NI）公司推出的一款专门用于电子电路仿真与设计的 EDA 工具软件。作为在 Windows 环境下运行的个人桌面电子设计工具软件，Multisim 是一个完整的集成化设计环境。它包含电路原理图的图形输入、电路硬件描述语言输入方式，具有强大的仿真分析功能。Multisim 的计算机仿真与虚拟仪器技术可以很好地解决理论教学与实际动手实验脱节的问题。学生可以很方便地把刚刚学到的理论知识用计算机仿真技术再现，并且可以用虚拟仪器技术创造出所需仪器。本章以 Multisim 14.0 为例，简单介绍该软件的使用方法。

1）Multisim 的主窗口简介

Multisim 的主窗口界面是我们熟悉的 Windows 环境界面，如图 4-1 所示，包含标题栏、菜单栏、各种工具栏、状态栏、项目管理器和工作区域等多个区域。通过对各部分的操作可实现电路原理图的输入、编辑，并可根据需要对电路进行相应的观测和分析。

菜单栏中的 Place 菜单下的 Components 选项可实现将所选择的元器件放入电路输入窗口；Junction 选项可在电路中放置连接点；New hierarchical block 选项在电路中放置层次模块；Text 选项可在电路中放置文字；New sub-circuit 选项可在电路中放置子电路；Replace by sub-circuit 选项可重新选择子电路替代当前选中的子电路。

菜单栏中的 Simulate 菜单用于执行对电路的仿真分析命令。其中，Run 选项可执行仿真；Pause 选项可暂停仿真；Stop 选项可停止仿真；Instrument 选项可放置各种仿真仪表；Analyses 选项可选用各项分析功能。

菜单栏中的 Help 菜单提供了 Multisim 使用中的各种帮助选项。

2）Multisim 常用工具栏简介

Multisim 14.0 提供了多种工具栏，并以层次化的模式加以管理，用户可以通过 View 菜单中的 Toolbars 选项将顶层的工具栏打开或关闭。通过各种工具栏，用户可以方便地使用软件的各项功能。下面简单介绍常用工具栏。

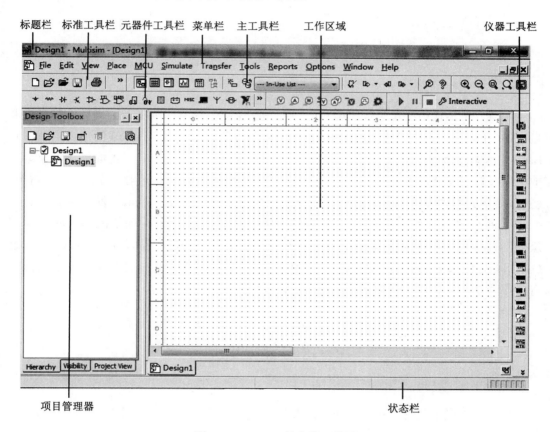

图 4-1　Multisim 的主窗口界面

（1）标准工具栏。

标准工具栏中包含常用的文件操作和编辑操作按钮，如新建、打开、保存、打印、复制、粘贴等，如图 4-2 所示。

（2）视图工具栏。

视图工具栏中提供一些视图显示操作按钮，如放大、缩小、缩放区域、缩放页面、全屏等，如图 4-3 所示。

图 4-2　标准工具栏　　　　　　　　　　图 4-3　视图工具栏

（3）主工具栏。

主工具栏是 Multisim 的核心工具栏，用于帮助用户进行电路的设计、仿真、分析，以及最终输出设计数据等，包含从电路设计到分析过程中使用的各种主要按钮，如图 4-4 所示。

图 4-4　主工具栏

（4）元器件工具栏。

元器件工具栏中的每个按钮都对应一类元器件，有 18 个元器件库，外加"层次块来自文件"按钮和"总线"按钮，如图 4-5 所示，从左到右分别为 Source（信号及电源库）、Basic（基本元器件库）、Diode（二极管库）、Transistor（晶体管库）、Analog（集成运算放大器等模拟元器件库）、TTL（TTL 元器件库）、CMOS（CMOS 元器件库）、Misc Digital（其他数字元器件库）、Mixed（模数混合元器件库）、Indicator（显示元器件库）、Power Component（电力系统电源相关元器件库）、Misc（各种杂项）、Advanced Peripherals（高级外围设备）、RF（射频元器件库）、Elec-tromechanical（电磁类元器件库）、NI Componet（NI 元器件库）、Connector（插接件库）和 MCU（单片机模型库）。通过按钮上的图标就可大致清楚该类元器件的类型，在搭建电路时可根据需要选用。

图 4-5　元器件工具栏

（5）仿真工具栏。

仿真工具栏中包含控制电路仿真的开始、结束和暂停按钮，如图 4-6 所示。

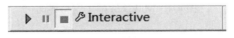

图 4-6　仿真工具栏

（6）仪器工具栏。

仪器工具栏中包含 Multisim 为用户提供的所有虚拟仪器，用户可以通过按钮选择自己需要的仪器对电路进行观测，如图 4-7 所示。

图 4-7　仪器工具栏

3）Multisim 常用虚拟仪器简介

Multisim 中提供了 Multimeter（数字万用表）、Function Generator（函数信号发生器）、

Watt-meter（瓦特表）、Oscilloscope（双踪示波器）、Four Channel Oscilloscope（四通道示波器）、Bode Plotter（波特图仪）、Frequency Counter（频率计）、Word Generator（字信号发生器）、Logic Analyzer（逻辑分析仪）、Distortion Analyzer（失真分析仪）、Spectrum Analyzer（频谱分析仪）等多种虚拟仪器。下面仅对几种常用仪器的使用方法进行简单介绍，详细说明可参考帮助文档。

（1）数字万用表：Multisim 中提供的数字万用表的外观和操作方式与实际的数字万用表相似。其有正极和负极两个引线端，可以用来测量交直流电压、交直流电流、电阻及电路中两点之间的分贝损耗，能自动调整量程。双击数字万用表图标，可以得到放大的数字万用表面板，如图 4-8 所示。单击数字万用表面板上的 Set…（设置）按钮，可设置数字万用表的参数。

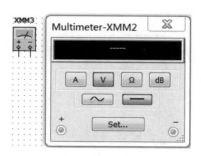

图 4-8　数字万用表面板

（2）函数信号发生器：函数信号发生器有正极、负极和公共端三个引线端，可以用来产生正弦波、三角波和矩形波。双击函数信号发生器图标，可以得到放大的函数信号发生器面板，如图 4-9 所示。信号的种类、频率、占空比、幅值和基本偏移量都可以通过函数信号发生器面板来调整。

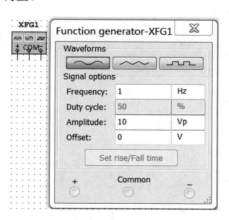

图 4-9　函数发生器面板

（3）双踪示波器：Multisim 中提供的双踪示波器图标上有三个连接点，即 A 通道输入端、B 通道输入端和外触发端。双击双踪示波器图标，可以得到放大的双踪示波器面板，如图 4-10 所示。该双踪示波器的外观与操作方式与实际的双踪示波器基本相同，可用于观察一路或两路信号的波形，分析被测信号的幅值和频率。一般情况下，双踪示波器的外触发端可以悬空。

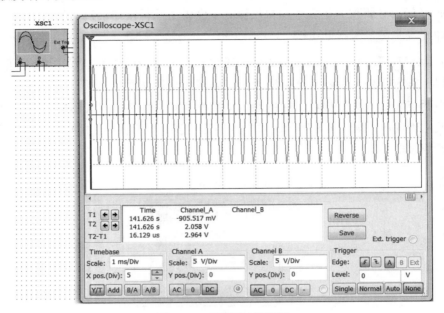

图 4-10　双踪示波器面板

（4）波特图仪：波特图仪可以用来测量和显示电路的幅频特性与相频特性，波特图仪有 IN 和 OUT 两对端口，其中 IN 端口的+和-分别接电路输入端的正端和负端：OUT 端口的+和-分别接电路输出端的正端和负端。在使用波特图仪时，必须在电路输入端接入 AC（交流）信号。双击波特图仪图标，可以得到放大的波特图仪面板，如图 4-11 所示，在该面板中可选择 Magnitude（幅频特性）或 Phase（相频特性）进行观测。

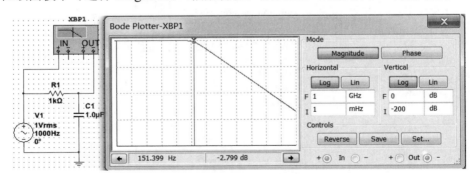

图 4-11　波特图仪面板

（5）字信号发生器：字信号发生器是能产生 16 路同步逻辑信号的多路逻辑信号源，用于对数字逻辑电路进行测试。双击字信号发生器图标，可得到放大的字信号发生器面板，如图 4-12 所示。

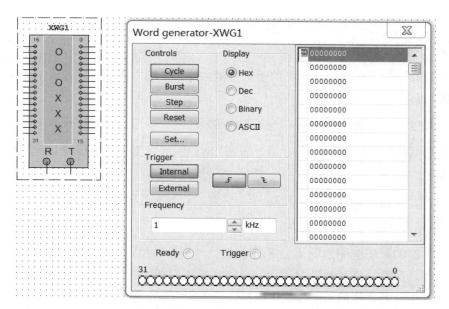

图 4-12　字信号发生器面板

字信号输入操作：将光标移至字信号编辑区的某一位处并单击，用键盘输入如二进制数码的字信号，光标自左至右、自上至下移位，可连续地输入字信号。字信号发生器被激活后，字信号按照一定的规律逐行从底部的输出端送出，同时在面板的底部对应于各输出端的小圆圈内实时显示输出字信号各位的值。

2．Multisim 仿真步骤

（1）建立电路文件。

（2）放置元器件和仪器。

（3）元器件的编辑。

（4）连线和进一步调整。

（5）电路仿真。

（6）输出分析结果。

3．Multisim 仿真设计实现举例

下面以智能篮球比赛倒计时器为例，介绍电路的仿真和实现过程。

1）智能篮球比赛倒计时器的功能描述

在篮球比赛中，规定了从进攻方发球到己方队员手上开始计时，24s 内需要完成篮球"打板"或"碰筐"动作，以上动作完成后，倒计时器重新归 0 开始计时 24s，24s 内不能完成以上动作即视为 24s 违例。智能篮球比赛倒计时器可在篮球比赛中用于对进攻方

球员持球时间进行 24s 限制。一旦进攻方球员的持球时间超过了 24s，倒计时器自动报警从而判定此球员的违例。

（1）设计一个定时时间为 24s 的倒计时器，按递减的方式计时，每隔 1s 倒计时器减 1，用数字显示时间。

（2）用 555 定时器产生 1Hz 的标准脉冲信号。

（3）当倒计时器显示 00（定时器时间到）时，倒计时器显示值保持 00 不变，同时发出报警信号。

（4）倒计时器应具有清零、启动、暂停/继续计数等控制功能。

2）电路设计原理及单元模块

倒计时器的原理框图如图 4-13 所示。倒计时器主要由时钟信号发生器、计数器、译码显示电路、报警电路和辅助时序控制电路（简称控制电路）五大模块组成。其中，计数器和控制电路是系统的主要模块。根据设计要求可知，计数器初值为 24，按递减方式进行计数，当计数器减到 0 时，发出报警信号，并能控制计数器暂停计数，所以需要设计一个可预置初值、带使能控制端的递减计数器。计数器完成 24s 倒计时功能，而控制电路完成计数器的清零、启动、暂停/连续计数，译码显示，以及定时时间到报警等的控制功能。报警电路在设计中可用 LED 代替。

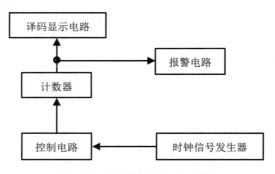

图 4-13　倒计时器的原理框图

（1）二十四进制递减计数器设计。

倒计时功能主要利用十进制可逆计数器 74LS192 来实现，其功能表如表 4-1 所示。二十四进制递减计数器电路如图 4-14 所示。计数器的个位（低位）、十位（高位）采用串行进位方式级联，当 $\overline{\text{LD}}$=0、CR=0 时，计数器的置数端预置数为 N=(0010 0100)$_{8421}$ = (24)$_D$，当 $\overline{\text{LD}}$=1、CR=0，且 CP$_U$=1 时，在 CP 脉冲上升沿的作用下，计数器在预置数的基础上进行递减 1 计数，每当个位（低位）计数器减计数到 0 时，其 $\overline{\text{BO}}$ 发出一个负脉冲，作为十位（高位）计数器减计数的时钟信号，使十位（高位）计数器减 1，当十位（高位）和个位（低位）计数器全为 0，同时 CP$_D$=0 时，十位（高位）计数器 $\overline{\text{LD}}$ = $\overline{\text{BO}}$=0，个位（低位）计数器 $\overline{\text{LD}}$=0，计数器重新进行异步置数 24 之后，十位（高位）计数器

$\overline{LD}=\overline{BO}=1$，个位（低位）计数器 $\overline{LD}=1$，计数器在 CP_D 脉冲的作用下，进行下一轮的减计数。

表 4-1　74LS192 的功能表

CR	$\overline{LD}$	CP_U	CP_D	D_3	D_2	D_1	D_0	Q_3^{n+1}	Q_2^{n+1}	Q_1^{n+1}	Q_0^{n+1}	备注
1	×	×	×	×	×	×	×	0	0	0	0	异步清零
0	0	×	×	a	b	c	d	a	b	c	d	异步置数
0	1	↑	1	×	×	×	×	加计数				
0	1	1	↑	×	×	×	×	减计数				
0	1	1	1	×	×	×	×	保持				$\overline{BO}=\overline{CO}=1$

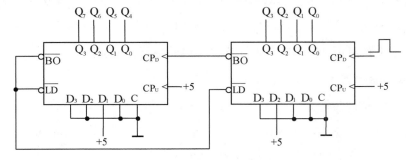

图 4-14　二十四进制递减计数器电路

（2）控制电路设计。

根据系统的设计要求，控制电路如图 4-15 所示，要完成启动、暂停计数和连续计数（累计计数）三个功能。

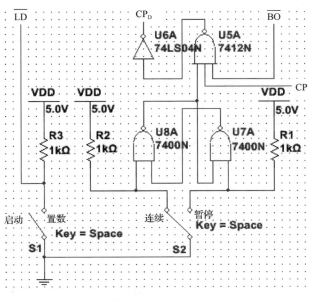

图 4-15　控制电路

① 当 S1 闭合（置数）时，$\overline{\mathrm{LD}}$ =0，计数器十位和个位置数端完成置数功能，LED 数码管显示 24 字样；当 S1 断开（启动），$\overline{\mathrm{LD}}$ =1，同时 S2 拨向"连续"时，计数器开始减计数。

② 暂停计数和连续计数（累计计数）功能用一个基本 RS 触发器完成，当 S2 拨向"暂停"时，计数器暂停计数，处于保持状态；当 S2 拨向"连续"时，计数器连续计数。

（3）时钟信号发生器、译码显示电路和报警电路设计。

当电路显示 00 时，利用十位（高位）的借位输出端 $\overline{\mathrm{BO}}$ =0，实现 LED 及蜂鸣器的工作。

时钟信号发生器产生的信号是电路的时钟脉冲和定时标准，由于本设计对信号的要求并不太高，故该电路可采用 555 定时器或由 TTL 与非门组成的多谐振荡器构成。

译码显示电路可用 74LS47 和共阳极七段 LED 显示器构成。

3）用 Multisim 搭建电路并进行仿真

用 Multisim 搭建电路并进行仿真的具体步骤如下。

（1）建立电路文件。打开 Multisim 时自动打开空白电路文件 Circuit1，保存时可以重新命名并保存在选择的目录下，如图 4-16 所示。

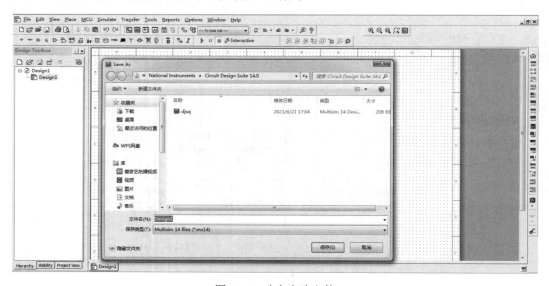

图 4-16　建立电路文件

（2）放置元器件和仪器。

① 放置电源。单击元器件工具栏中的 Source 图标，选择所需电源，单击 OK 按钮，如图 4-17 所示。

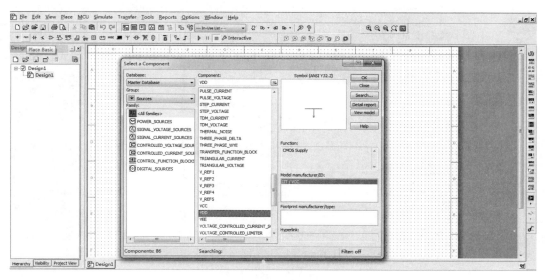

图 4-17 放置电源

② 放置开关。单击元器件工具栏中的 Basic 图标 ∿，选择所需开关，单击 OK 按钮，如图 4-18 所示。

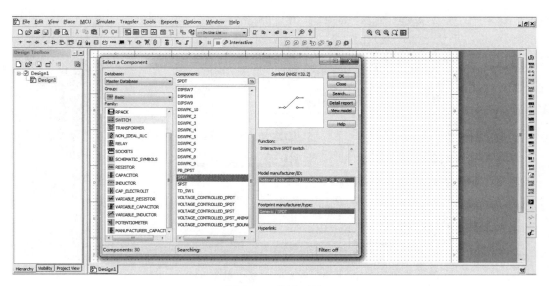

图 4-18 放置开关

③ 放置电阻。单击元器件工具栏中的 Basic 图标 ∿，选择所需电阻，单击 OK 按钮，如图 4-19 所示。然后单击默认值修改为设计的电阻值。

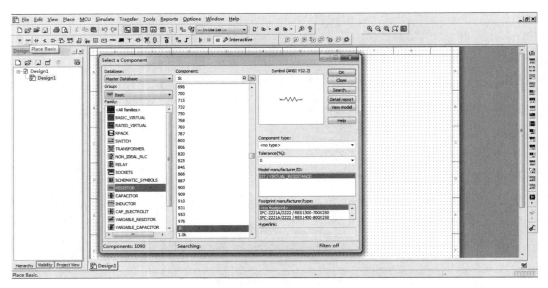

图 4-19　放置电阻

④ 放置 TTL 数字集成电路。单击元器件工具栏中的 TTL 图标 ，选择所需 TTL 数字集成电路，单击 OK 按钮，如图 4-20 所示。

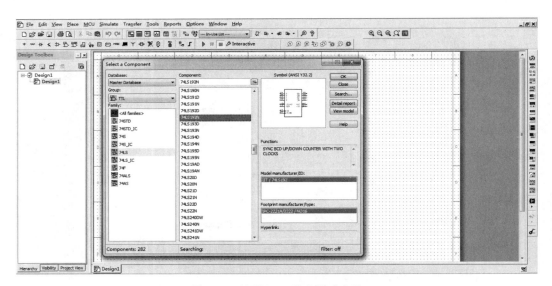

图 4-20　放置 TTL 数字集成电路

⑤ 放置数码显示器。单击元器件工具栏中的 Indicators 图标 ，选择所需数码显示器，单击 OK 按钮，如图 4-21 所示。

⑥ 放置 555 定时器。单击元器件工具栏中的 Mixed 图标 ，选择所需 555 定时器，单击 OK 按钮，如图 4-22 所示。

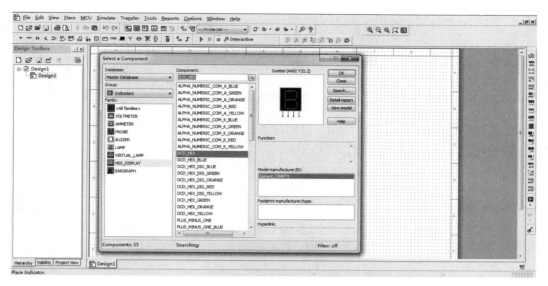

图 4-21　放置数码显示器

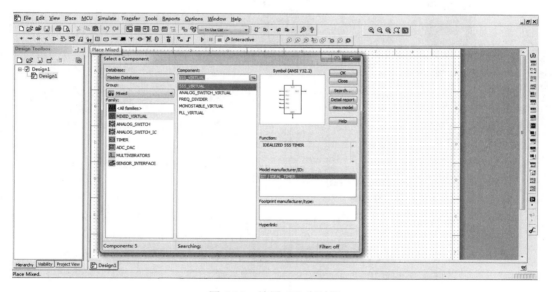

图 4-22　放置 555 定时器

⑦ 放置双踪示波器。单击仪器工具栏中的 Oscilloscope（双踪示波器）图标，放置双踪示波器，如图 4-23 所示。

（3）整体电路如图 4-24 所示。单击仿真工具栏中的 ▷ 图标，运行功能仿真的具体操作步骤如下。

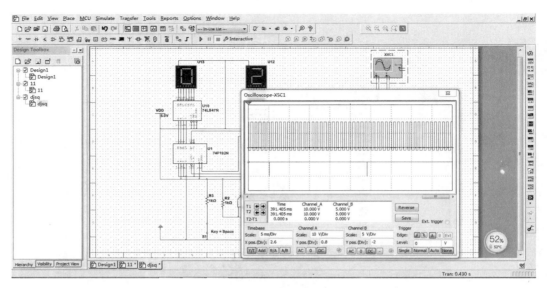

图 4-23　放置双踪示波器

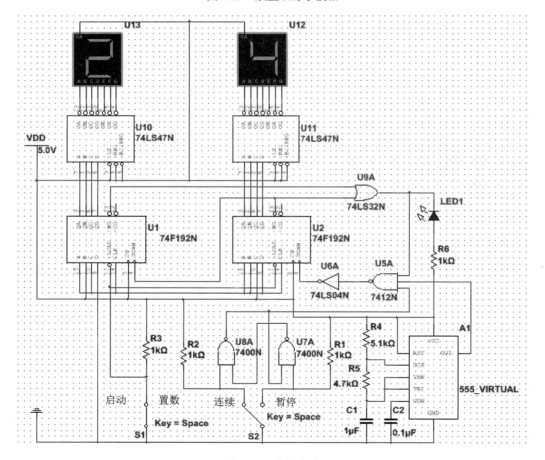

图 4-24　整体电路

① 当 S1 闭合（置数）时，$\overline{LD}$=0，计数器十位和个位置数端完成置数功能，LED 数码管显示 24 字样；当 S1 断开（启动），$\overline{LD}$=1，同时 S2 拨向"连续"时，计数器开始减计数。

② 当 S2 拨向"暂停"时，计数器暂停计数，处于保持状态；当 S2 拨向"连续"时，计数器连续计数。

③ 当计数器十位和个位显示 00 时，十位和个位的 $\overline{BO}$ 输出端同时输出一个低电平，经或门送到与非门 U5，秒信号被 U5 封锁，计数器计数完毕，保持为 0，完成 24s 倒计时功能。

4.2　MAX+plus Ⅱ

本节将介绍常用仿真软件 MAX+plus Ⅱ的基本使用方法。读者可在学习本书有关章节时，首先对所学的典型单元电路用 VHDL 进行设计描述，然后利用 MAX+plus Ⅱ对该设计描述的 VHDL 程序进行编译，最后对用 MAX+plus Ⅱ生成的该单元的仿真模型进行功能仿真。

MAX+plus Ⅱ是 Altera 公司开发的一款完全集成化的 EDA 工具软件，它的升级版本是 Quartus Ⅱ。常用的设计输入方法有：通过 MAX+plus Ⅱ图形编辑器，创建图形设计文件（.gdf 文件）；通过 MAX+plus Ⅱ文本编辑器，使用 AHDL，创建文本设计文件（.tdf 文件）；使用 VHDL，创建文本设计文件（.vhd 文件）；使用 Verilog HDL，创建文本设计文件（.v 文件）；通过 MAX+plus Ⅱ波形编辑器，创建波形设计文件（.wdf 文件）。MAX+plus Ⅱ提供了全面的逻辑设计功能，从编辑、综合、布线到仿真、下载都十分方便。

1. 安装步骤

MAX+plus Ⅱ的安装步骤如下。

（1）在光盘目录 maxplus10.2 下单击 setup.exe 文件启动安装，然后按提示进行操作。

（2）更改安装目录。默认安装目录是 C 盘，如果你想安装在 D 盘，则在安装程序进行到如图 4-25（a）所示的界面时进行更改，单击 browse 按钮，然后将 C 改为 D，则出现如图 4-25（b）所示的界面。单击 OK 按钮后，按提示进行操作，不要更改任何安装配置，则软件成功安装到 D 盘。

（3）设置 license 文件。

如果不设置 license 文件，软件就无法使用。

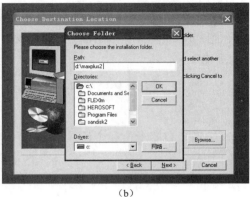

|（a）|（b）|

图 4-25　安装路径

① 打开软件。依次单击"开始"→"程序"→Altera→MAX+plusⅡ10.0，弹出如图 4-26 所示的界面，选择"是"选项，则软件被打开。

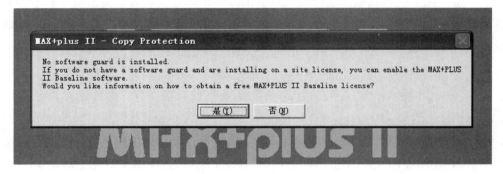

图 4-26　打开软件

② 指定 license 文件的路径和文件名。选择 Options→License Setup 菜单选项，如图 4-27 所示，然后单击 browse 按钮，指定 license 文件的路径和文件名，如图 4-28 所示，license 文件就是 license.dat 文件，选中该文件后单击 OK 按钮，则设置成功。

图 4-27　设置授权

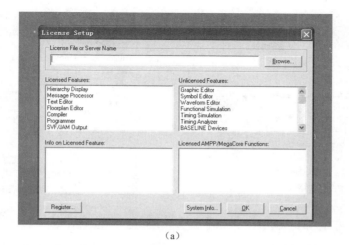

（a）

（b）

图 4-28　指定 license 文件的路径和文件名

2．设计举例

（1）创建新文件。在 File 菜单中选择 New 选项，或者单击工具栏中的 图标，然后单击 "Text Editor file" 单选按钮，并单击 OK 按钮，如图 4-29 所示。

（2）保存文件。在 File 菜单中选择 Save AS 选项，或者单击工具栏中的 图标，弹出如图 4-30 所示的对话框。在 File Name 文本框内输入文件名即可。要注意，VHDL 设计文件的扩展名为.vhd。最后单击 OK 按钮。

（3）设定项目名称与文件名相同（有两种方法）：一种方法是选择 File→Project→Set Project to current File 菜单选项；另一种方法是选择 File→Project→Name 菜单选项，弹出对话框后在项目名称文本框中输入与电路文件相同的名称（没有扩展名），然后单击 OK 按钮。

（4）程序编写。在如图 4-31 所示的程序编辑框中编写程序。

图 4-29　创建新文件

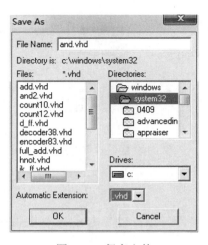

图 4-30　保存文件

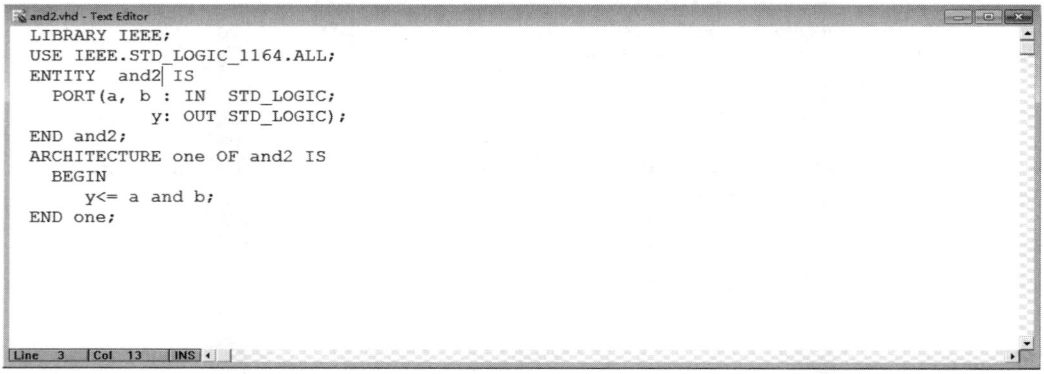

```
LIBRARY IEEE;
USE IEEE.STD_LOGIC_1164.ALL;
ENTITY  and2 IS
  PORT(a, b : IN  STD_LOGIC;
            y: OUT STD_LOGIC);
END and2;
ARCHITECTURE one OF and2 IS
  BEGIN
     y<= a and b;
END one;
```

图 4-31　程序编辑框

（5）保存并检查。在 File 菜单中选择 Save 选项，或者单击工具栏中的█图标，即可保存文件。注意文件名必须与实体名相同，保存该文件的文件夹不能用中文命令，也不能为根目录。

（6）检查错误。在 File 菜单中选择 Compiler 选项进行编译，即可对电路设计文件进行检查，或者选择 File→Project→Save&Check 菜单选项或单击工具栏中的█图标之后，电路设计文件会自动保存并启动编译器窗口来检查设计中的基本错误，检查完会出现错误数目信息对话框，如图 4-32 所示，若有错误则单击"确定"按钮，再针对 Massages-Compiler 窗口所提供的信息进行修改。

（7）创建并保存波形文件。在 File 菜单中选择 Wave Editor 选项，然后选择 File→Save 菜单选项或单击工具栏中的█图标，在弹出的对话框中相应位置填写波形文件名，该波形文件名应与相对应的文本文件名及工程名相同，其扩展名为.scf。

（8）将输入/输出量导入波形文件编辑框。在 Node 菜单中选择 Enter Nodes from SNF···选项，弹出如图 4-33 所示的对话框，单击 List 按钮，在 Available Node & Groups 列表中选中需要的输入/输出量之后，单击"=>"按钮，如果误选了输入/输出量，则可单击"<="按钮取消，然后单击 OK 按钮。

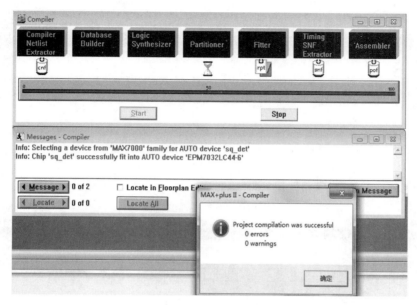

图 4-32　错误数目信息对话框

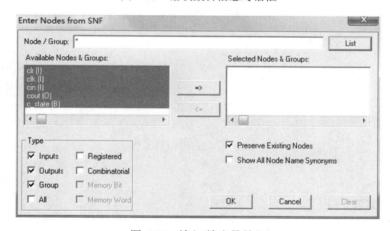

图 4-33　输入/输出量导入

（9）进行仿真。根据编写的 VHDL 程序和对应的真值表，利用如图 4-34 所示的波形文件编辑器对输入/输出量进行对应修改，在 File 菜单中选择仿真器 Simulator 进行仿真，观察仿真波形是否符合程序的逻辑关系。例如，与逻辑仿真波形如图 4-35 所示，与逻辑满足"有零则零"，观察到仿真波形满足要求，说明编写的程序符合与逻辑的要求。

（10）保存仿真波形文件。在 File 菜单中选择 Save 选项或单击工具栏中的 图标，即可保存仿真波形文件。

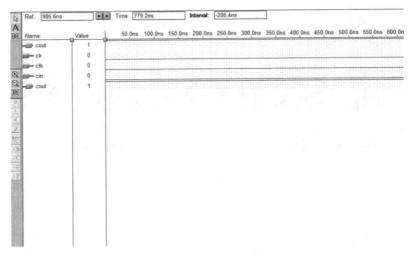

图 4-34　波形文件编辑器

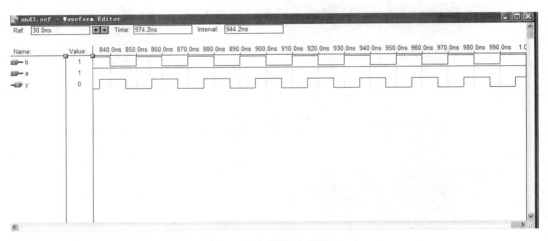

图 4-35　与逻辑仿真波形

4.3　Quartus Ⅱ

　　MAX+plus Ⅱ是 Altera 公司的上一代 PLD 产品，因为有很好的易用性，在工业市场中得到了广泛的应用。如今，Altera 公司停止了对 MAX+plus Ⅱ的更新。Quartus Ⅱ中包含诸如 SignalTap Ⅱ、Chip Editor 和 RTL Viewer 的设计辅助工具，在系统集成了 SOPC 和 HardCopy 的设计经过，系统在原有的功能上延续了 MAX+plus Ⅱ良好的图形界面及简便的使用方法。因此，Quartus Ⅱ成为目前主流的电子仿真软件。

1．创建工程

　　双击桌面上的 Quartus Ⅱ图标运行该软件，如图 4-36 所示。如果是第一次打开

Quartus Ⅱ，可能会有其他的提示信息，使用者可以根据自己的实际情况进行设定，然后进入如图 4-36 所示的界面。

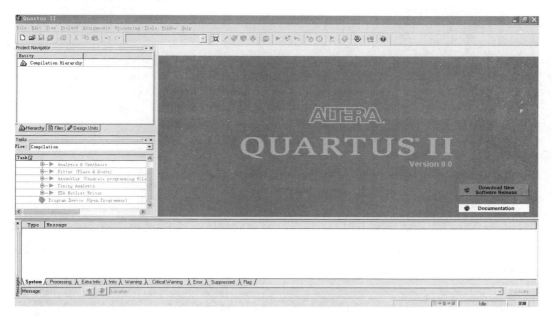

图 4-36 软件主界面

（1）新建工程。选择 File→New Project Wizad 菜单选项，弹出 New Project Wizard: Introduction 对话框，如图 4-37 所示。单击 Next 按钮，弹出 New Project Wizard 对话框，如图 4-38 所示。

第一栏可以选择保存工程文件的文件夹，第二栏可以给工程命名，第三栏会提示工程名称应该与实体名（Entity）相同。单击 New Project Wizard 对话框中第一栏右侧的"..."按钮，在计算机中任意位置新建一个存放工程文件的文件夹（存放位置根据个人喜好确定，路径名不要出现中文），取名为 dff。在第二栏和第三栏中填写 uu，此处为工程名。

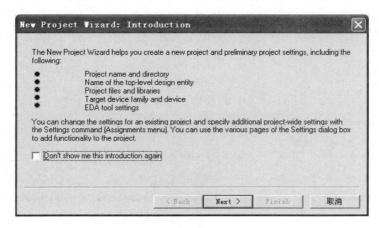

图 4-37 New Project Wizard: Introduction 对话框

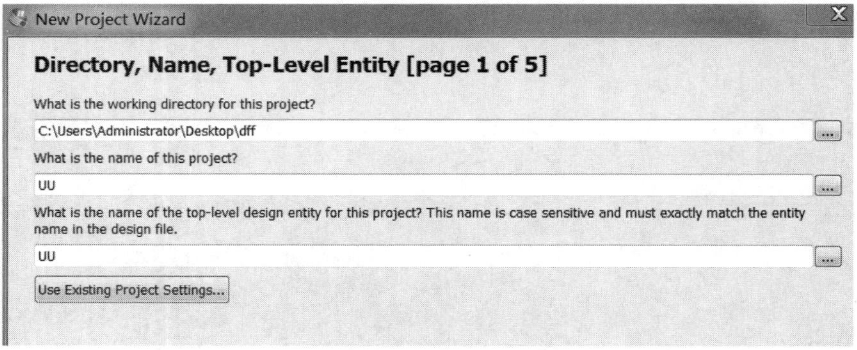

图 4-38　New Project Wizard 对话框

（2）选择 FPGA 器件的型号。

如图 4-39 所示，在 Family 下拉列表中有各种 CPLD 芯片系列，选择本系统提供的芯片。选择 MAX3000A 系列 CPLD，选择此系列的具体芯片 EPM3064ATC44。单击 OK 按钮，弹出选择其他 EDA 工具的对话框，如图 4-40 所示，选择 ModelSim-Altera 为默认的仿真工具，语言为 VHDL。

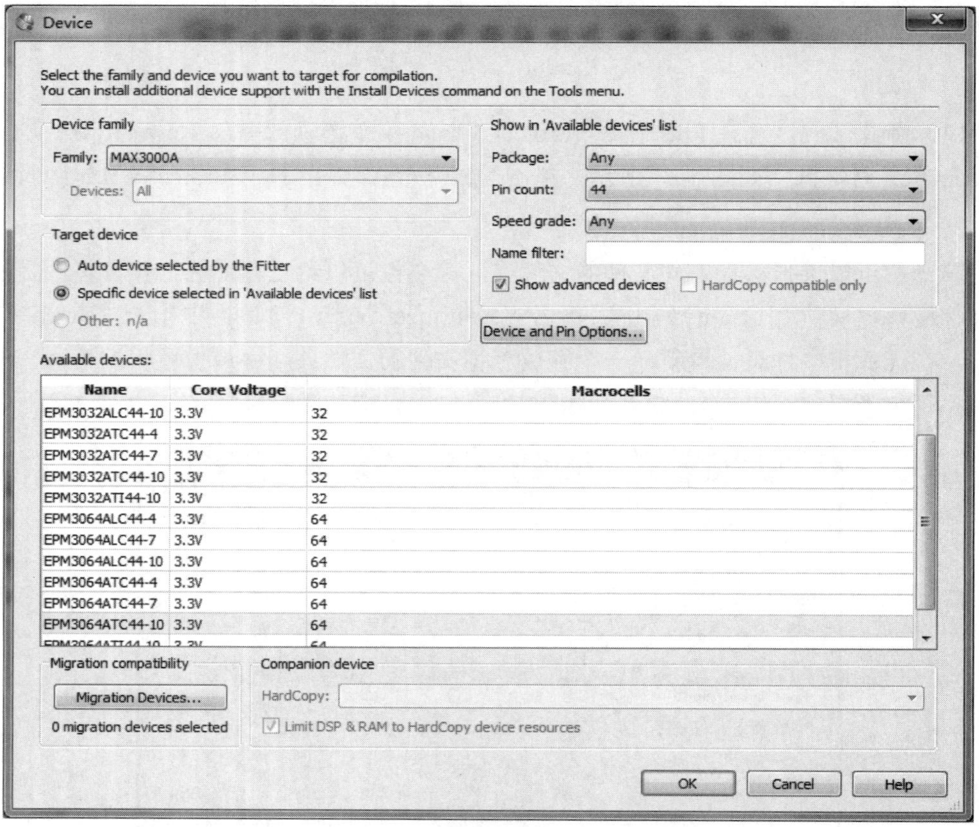

图 4-39　Device 对话框

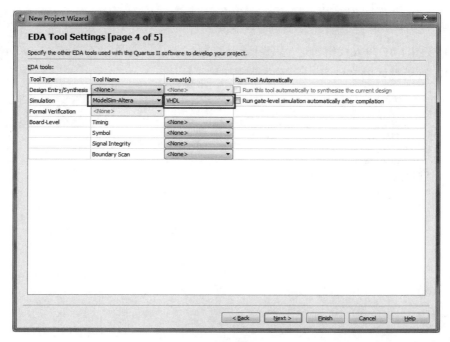

图 4-40　选择其他 EDA 工具

（3）单击 Next 按钮，弹出进入工程的信息总概对话框，根据自己的需要选择编程语言，单击 Finish 按钮即可建立一个项目。

2. 建立顶层文件

（1）选择 File→New 菜单选项，弹出 New 对话框，如图 4-41 所示。

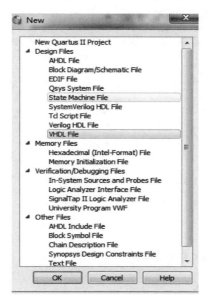

图 4-41　New 对话框

选择 VHDL File 选项，然后单击 OK 按钮即可创建一个空的 VHDL 文件。

（2）按图 4-42 写入代码，这里我们选用 D 触发器，将它另存（选择 File→Save as 菜单选项），接受默认的文件名，将该文件添加到工程中。

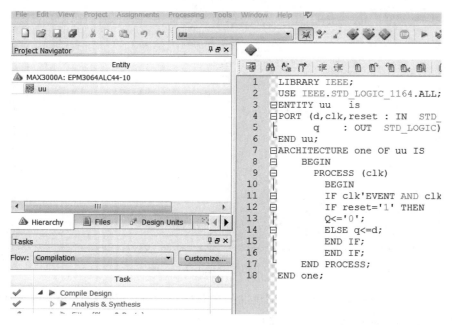

图 4-42　VHDL 文件

（3）编译。单击主工具栏中的 Start Compilation 按钮即开始编译，Message 窗口中会显示一个报告，上面是编译结果，最后编译成功弹出提示，如图 4-43 所示。

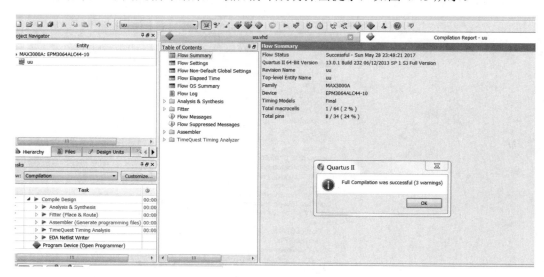

图 4-43　编译

3. 仿真

编译完成后，还应该对其功能性质和时序进行仿真，以确保设计符合要求。具体步骤如下。

（1）利用 Quartus II 自带的仿真工具进行仿真。

在编译成功后，选择 New→File→University Program VWF 菜单选项，新建波形编辑器，如图 4-44 所示。

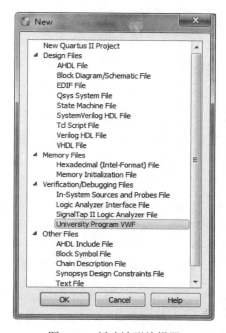

图 4-44　新建波形编辑器

在图 4-44 中，单击 OK 按钮，弹出空白的波形编辑器，只有系统的仿真时间设置在合理的范围内才能杜绝这种情况的发生。一般我们设置的时间在数十微秒以内。

在 Edit 菜单中选择 Set End Time 选项，在弹出的窗口中的 Time 栏里输入 "50"，单位选择 "us"，整个仿真域的时间即设定为μs，单击 OK 按钮，结束设置。

（2）文件保存。在 File 菜单中选择 Save As 选项，将波形文件存到文件夹中。

（3）把端口信号节点加到波形编辑器中。首先选择 Edit 菜单中的 Insert 选项下的 Insert Node or bus...子选项（或先在所建立波形文件左边空白处双击，再选择 Nodes Found 选项）。在 Filter 下拉列表中选择 Pins: all，然后单击 List 按钮。这时在 Nodes Found 窗口中出现之前在程序中所写入的所有端口，以及定义的端口名称。选中全部端口，即 a、b、y，分别加到右边波形编辑窗口中，完成后关闭 Nodes Found 窗口，如图 4-45 所示。

（4）编辑输入波形。首选选中端口 a，然后单击工具栏中的 Clock 按钮，设置激励信号，如图 4-46 所示。端口 b 同理。

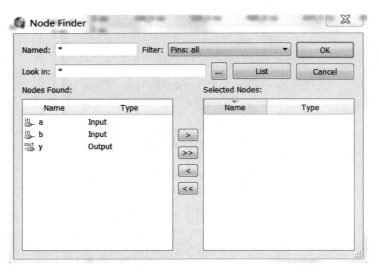

图 4-45　添加端口

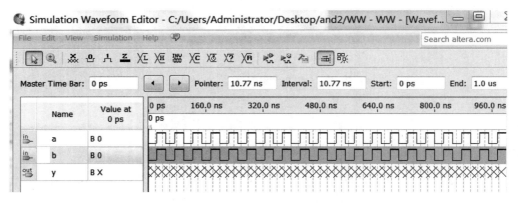

图 4-46　编辑输入波形

（5）选择仿真工具。在 Simulation 菜单中选择 Options 选项，在弹出的 Options 对话框中单击 Quartus II Simulator 单选按钮，如图 4-47 所示。

图 4-47　Options 对话框

单击 OK 按钮，进行仿真，弹出如图 4-48 所示的界面，就表示仿真成功了。

图 4-49 所示为引脚分配菜单。需要注意的是,除时钟的引脚是固定的之外,其他的引脚都是任意定义的。根据各设备的引脚位置,选择接线简洁的引脚。

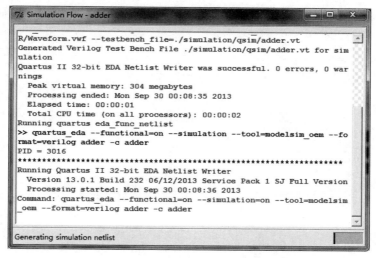

图 4-48 仿真成功

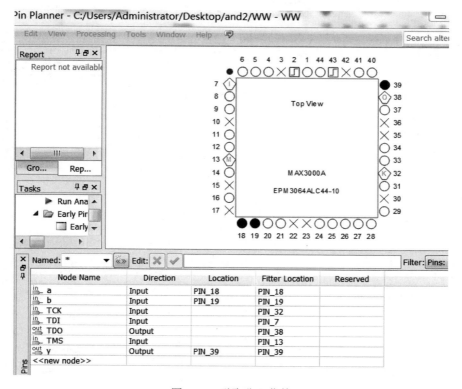

图 4-49 引脚分配菜单

下载界面如图 4-50 所示,单击工具栏中的 Programmer 按钮进入下载界面,首先单击 Add Devices 按钮选择芯片型号,选择好之后右边会出现所选择的芯片,然后在 Mode

下拉列表中选择 JTAG 选项，再勾选 Program/Configure 下的复选框。若此时计算机与设备相连，就可以直接单击 Start 按钮开始下载。

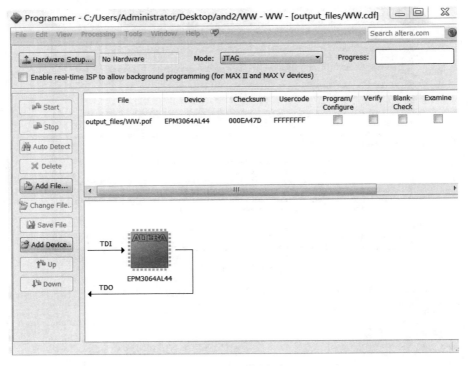

图 4-50　下载界面

参考文献

[1] 尤佳，李春雷. 数字电子技术实验指导书[M]. 2 版. 北京：机械工业出版社，2018.

[2] 罗杰，谢自美. 电子线路设计实验测试[M]. 5 版. 北京：电子工业出版社，2015.

[3] 任国燕，周红军. 电子技术实验汉英双语教程[M]. 北京：冶金工业出版社，2018.

[4] 周红军. 数字电子技术实验指导书[M]. 北京：中国水利水电出版社，2008.

[5] 孙晖. 电工电子学实践教程[M]. 北京：电子工业出版社，2018.

华信SPOC官方公众号

欢迎广大院校师生 **免费**注册应用

www. hxspoc. cn

华信SPOC在线学习平台

专注教学

教学课件
师生实时同步

数百门精品课
数万种教学资源

多种在线工具
轻松翻转课堂

电脑端和手机端（微信）使用

测试、讨论、
投票、弹幕……
互动手段多样

一键引用，快捷开课
自主上传，个性建课

教学数据全记录
专业分析，便捷导出

登录 www.hxspoc.cn 检索 华信SPOC 使用教程 获取更多

华信SPOC宣传片

教学服务QQ群： 1042940196
教学服务电话：010-88254578/010-88254481
教学服务邮箱：hxspoc@phei.com.cn

电子工业出版社.
PUBLISHING HOUSE OF ELECTRONICS INDUSTRY

华信教育研究所